农村生活污水
分散式处理问答

朱联东　李兆华　黄理志　编著

U0249892

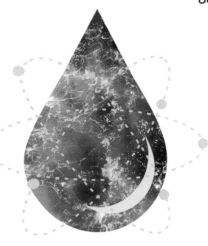

- 化粪池
- 人工湿地
- 生态浮床
- 土壤渗滤技术
- 生物滴滤池

WUHAN UNIVERSITY PRESS
武汉大学出版社

图书在版编目(CIP)数据

农村生活污水分散式处理问题/朱联东,李兆华,黄理志编著.—武汉:武汉大学出版社,2024.1

ISBN 978-7-307-23992-0

Ⅰ.农⋯　Ⅱ.①朱⋯　②李⋯　③黄⋯　Ⅲ.农村—生活污水—污水处理—问题解答　Ⅳ.X703-44

中国国家版本馆 CIP 数据核字(2023)第 176879 号

责任编辑:杨晓露　　　责任校对:汪欣怡　　　版式设计:韩闻锦

出版发行:**武汉大学出版社**　(430072　武昌　珞珈山)

(电子邮箱:cbs22@whu.edu.cn　网址:www.wdp.com.cn)

印刷:湖北金海印务有限公司

开本:880×1230　1/32　印张:6　字数:121 千字　插页:1

版次:2024 年 1 月第 1 版　　2024 年 1 月第 1 次印刷

ISBN 978-7-307-23992-0　　定价:25.00 元

前　言

　　农村生活污水处理是农村人居环境整治的重要内容，是实施乡村振兴战略的重要举措，是全面建成小康社会的内在要求。随着经济与社会的发展，我国农村生活污水排放量逐年递增，部分农村污水未经处理直接排放，影响周围生态环境，降低了农村居民的生活质量，阻滞了我国建设美丽宜居乡村的进程。为深入贯彻习近平总书记在党的二十大报告中提出的"全面推进乡村振兴""统筹乡村基础设施和公共服务布局，建设宜居宜业和美乡村"的发展需求，我们围绕农村生活污水处理概况、所需技术理论支持、工程设计标准规范及农村生活污水处理带来的机遇与挑战等内容开展《农村生活污水分散式处理问答》的编著工作，旨在助力乡村振兴、推进美丽乡村建设和持续改善农村人居环境，同时为农村基层环境管理人员、污水处理设施运行人员、从事农村环境问题研究的科技工作者以及相关专业的师生等广大读者提供较为全面的关于农村污水治理技术及其实践应用的资料。

　　本书由长期从事我国农村生活污水处理技术研究及应用领域的科技工作者共同编著完成。书的内容基于编著人员多年的研究内容和实践论证，参阅了丰富的国内外农村生活污水处理研究和应用方面的文献资料，并借鉴了国内外同行专家的领先理念、技术和应用案例，重点围绕农村生活污水分散式处理技术、污水处理设施的设计与施工、设施的运营与管理等内容，以问答形式设置了 116 个专业问题展开编写工作。在农村生活污水分散式处理技术方面，介绍了针对化粪池、人工湿地、生态浮床、稳定塘、土壤渗滤系统、净化槽和生态沟渠等类型的不同处理技术的去污原理和工艺特点；在污水处理设施的设计与施工方面，农村生活污水分散式处理需要考虑选址、处理不良地基、设施建设、工艺参数及设计原则等因素；为了保证农村生活污水处理设施的正常运行，需要对设施进行有效的运营与管理，包括施工安全、管网材料与布置、检查井的作用、水泵和曝气设备的分类以及日常运维可能出现的问题等。只有在这些方面做好管理工作，才能保证农村生活污水分散式处理设施的运行质量和效果。本书内容由点及面、由浅及深、层层递进、体系完整、结构清晰。

　　本书作者朱联东、李兆华、黄理志负责书的总体框架设计、大纲编写、初稿修改、统撰和定稿。具体参与编写人员及分工如下：前言由王涵植撰写；第一章由代典编写；第二章由唐春明、李卓、顾若婷编写；第三章由屈明祥、高馨馨、代典编写；

第四章由代典、屈明祥、王涵植编写。本书在编写过程中也参考了该领域诸多专家学者的研究结果，在此向提供帮助的专家学者致以真挚的感谢。

本书出版旨在帮助人们了解和掌握农村生活污水处理技术，提高农村地区环境卫生水平，改善人民生活。通过回答116个科学问题，让读者了解污水处理的基本概念、处理工艺、设备选型、运行管理、技术难点等方面的知识，掌握污水处理的关键技术和操作要点。本书是一本通俗易懂的科普作品，对广大乡镇、社区环境保护从业人员有较好的参考价值，也可作为环境学科等相关专业的教学辅导用书，帮助相关专业的师生更好地了解农村生活污水处理技术，为改善农村环境贡献力量。

由于编著人员学术水平和编写经验有限，书中难免存在不足和疏漏之处，敬请各位专家和广大读者批评指正，使之日臻完善。

编著者

2023 年 6 月

缩略词索引

BOD（Biochemical Oxygen Demand）：生化需氧量

Ca^{2+}：钙离子

CH_4：甲烷

CO：一氧化碳

CO_2：二氧化碳

CO_3^{2-}：碳酸根

COD（Chemical Oxygen Demand）：化学需氧量

DO（Dissolved Oxygen）：溶解氧

H_2O：水

H_2S：硫化氢

Mg^{2+}：镁离子

NH_4^+-N：氨氮

NO_2^-：亚硝酸根

NO_3^-：硝酸根

pH：氢离子浓度指数

SEM（Scanning Electron Microscope）：扫描电子显微镜

SS（Suspended Solids）：固体悬浮物

VSS（Volatile Suspended Solid）：挥发性悬浮固体

TN（Total Nitrogen）：总氮

TP（Total Phosphorus）：总磷

目　　录

第一章　　农村生活污水分散式处理概论 ················· 1

1. 什么是农村生活污水？ ················· 1

2. 农村生活污水的主要来源有哪些？ ················· 1

3. 农村生活污水的主要特点是什么？ ················· 2

4. 农村生活污水中的主要污染物有哪几类？ ············· 3

5. 农村生活污水处理技术的选择应遵循哪些原则？ ········ 4

6. 目前农村生活污水处理现状如何？ ················· 5

7. 为什么要对农村生活污水进行分散式处理？ ············· 6

8. 农村生活污水收集系统有哪些？ ················· 7

9. 农村生活污水预处理方式有哪些？ ················· 9

10. 进水负荷对污水处理有什么具体影响？ ············· 11

11. 农村生活污水处理后应遵循哪些排放标准？ ········· 12

12. 未处理的农村生活污水对水体有什么危害？ ········· 15

13. 什么是农村水体富营养化？其危害主要体现在哪些

　　方面？ ················· 16

1

14. 什么是溶解氧？溶解氧对农村生活污水分散式处理有
    什么意义？ …………………………………… 19

15. pH 值对农村生活污水分散式处理有什么影响？ …… 20

16. 化学需氧量和生化需氧量指什么？其比值对农村
    生活污水分散式处理有什么意义？ ……………… 20

17. 氮素在农村水体中主要有哪几种存在形式？ ……… 21

18. 影响硝化/反硝化进程的因素主要有哪些？ ………… 23

19. 农村生活污水中 C/N 对农村生活污水分散式处理有
    什么影响？ …………………………………… 25

20. 可溶性磷、可溶性总磷和总磷分别指什么？ ……… 25

第二章　农村生活污水分散式处理技术 ……………… 27

1. 农村生活污水分散式处理技术有哪些？ ………… 27

2. 为什么处理前端要设计化粪池？ ………………… 27

3. 化粪池分为哪几种类型？ ………………………… 29

4. 有哪些种类的稳定塘？ …………………………… 33

5. 稳定塘工艺的净化机理是什么？ ………………… 35

6. 不同类型的稳定塘中生物种群的差异有哪些？ …… 38

7. 稳定塘工艺的优点有哪些？ ……………………… 39

8. 人工湿地的工作原理是什么？ …………………… 41

9. 人工湿地由哪几个部分组成？ …………………… 42

10. 人工湿地可以分为哪几类？ ……………………… 44

11. 人工湿地具有哪些特点？ ································· 46

12. 生态浮床如何实现污水的净化？ ·················· 48

13. 生态浮床有哪些类型？ ···························· 49

14. 生态浮床的组成结构包括哪些部分？ ··········· 53

15. 生态浮床技术应用于生活污水处理的过程中存在
    哪些问题？ ····································· 57

16. 土壤渗滤系统对农村生活污水中污染物的去除机
    理是什么？ ····································· 58

17. 土壤渗滤系统有哪些运行方式？ ················· 61

18. 土壤渗滤系统具有哪些特点？ ··················· 62

19. 土壤渗滤系统会对环境产生哪些影响？ ········· 63

20. 净化槽的构造和工作原理是什么？ ·············· 64

21. 净化槽有哪些类型？ ···························· 66

22. 净化槽的主要特点有哪些？ ····················· 67

23. 净化槽常见的处理工艺有哪些？ ················· 68

24. 生物膜在生物滴滤技术中发挥的作用是什么？ ··· 70

25. 生物滴滤池通常由哪几个部分构成？ ··········· 71

26. 生物滴滤池的类型有哪些？ ····················· 73

27. 生物滴滤池具有哪些特点？ ····················· 74

28. 影响普通生物滴滤池性能的主要因素有哪些？ ··· 75

29. 哪些农村生活污水分散式处理设施包含启动阶段？
    该如何进行？ ··································· 76

30. 为什么要进行工艺组合？常见的组合
    工艺有哪些？ ················ 78

31. "化粪池-土壤渗滤系统"的工作原理是什么？ ·········· 78

32. 为什么要构筑"生态沟渠-稳定塘"组合工艺？ ········ 79

33. "净化槽-生态浮床系统"处理农村分散式生活污
    水的优势是什么？ ················ 80

34. 什么是"人工土壤渗滤-湿地系统"及其应如何构建？ ··· 81

35. "稳定塘-人工湿地生态处理工艺"如何实现农村
    生活污水的净化？ ················ 82

36. "生物滴滤池-人工湿地"组合工艺对农村分散式
    生活污水处理效果如何？ ················ 84

第三章 农村生活污水分散式处理设施的设计与施工 ········ 86

1. 农村生活污水分散式处理设施的建设选址要注意
   哪些问题？ ················ 86

2. 农村生活污水分散式处理设施应当遵循哪些设计
   原则？ ················ 87

3. 如何确定农村生活污水分散式处理设施进水水质？ ··· 89

4. 如何估算农村生活污水排水量？ ············ 90

5. 排水体制的种类有哪些？在应用过程中
   应该如何选择？ ················ 91

6. 农村生活污水分散式处理设施施工中遇到不良地基的
　　解决方法有哪些？ ………………………………………… 93

7. 农村生活污水分散式处理工程投资估算如何进行？ … 95

8. 造成农村生活污水分散式处理工程投资估算与实际成本不
　　符的原因有哪些？ ……………………………………… 96

9. 农村生活污水管网的布置应遵循什么原则？ ………… 97

10. 农村生活污水管道材质类型及特点是什么？ ………… 99

11. 常用于农村生活污水处理的水泵有哪几种类型？ …… 101

12. 电磁流量计的安装及使用过程应注意什么问题？ …… 103

13. 鼓风曝气设备的主要作用是什么？主要由哪几个部分
　　组成？ …………………………………………………… 104

14. 什么是水力停留时间？如何计算各反应单元的水力
　　停留时间？ ……………………………………………… 106

15. 化粪池的工艺参数包含哪些？ ………………………… 107

16. 化粪池的设计需要注意哪些问题？ …………………… 109

17. 化粪池的建造可以参考哪些标准规范？ ……………… 110

18. 污水稳定塘的设计规范有哪些？ ……………………… 111

19. 稳定塘系统设计的主要技术参数有哪些？ …………… 112

20. 稳定塘的设计要求与注意事项有哪些？ ……………… 114

21. 如何通过优化设计与施工提高稳定塘的
　　处理效果？ ……………………………………………… 116

22. 为避免运行过程中出现泄漏问题，化粪池与稳定塘
    需要采取何种防渗措施？ ……………………… 119

23. 构建人工湿地的相关工艺参数有哪些？ ………… 121

24. 哪些填料可以用于人工湿地？ ………………… 123

25. 设计人工湿地有哪些标准与规范？ …………… 125

26. 生态浮床的设计需依照哪些规范？ …………… 126

27. 生态浮床的设计要求与安装流程有哪些？ …… 126

28. 生态沟渠主要有哪些设计参数？ ……………… 128

29. 生态沟渠工艺设计的技术要点有哪些？ ……… 129

30. 生态沟渠的设计规范标准是什么？ …………… 131

31. 生态沟渠的施工流程与施工方法有哪些？ …… 132

32. 哪些植物可以用于生态浮床、生态沟渠和人工湿地？
    ………………………………………………… 133

33. 如何设计土壤渗滤系统以保证其正常运行？ … 136

34. 设计土壤渗滤系统时，需要考虑哪些要点？ … 137

35. 适合用作土壤渗滤系统的土壤介质有哪些特征？
    如何进行改良？ ………………………………… 138

36. 设计和安装净化槽时，需要满足哪些要求？ … 140

37. 净化槽的安装施工过程中需要注意哪些问题？ … 141

38. 生物滴滤池的设计参数有哪些？ ……………… 142

39. 生物滴滤池设计时应关注的要点有哪些？ …… 144

40. 设计生物滴滤池时可参考哪些标准和规范？ … 145

第四章　农村生活污水分散式处理设施的运行与管理 …… 147

1. 农村生活污水分散式处理智能监管系统建设要求及作用
是什么？ …………………………………………… 147

2. 农村生活污水分散式处理智能监管系统的运维该如何
进行？ …………………………………………… 149

3. 污水处理设备维修保养的具体内容是什么？ ………… 150

4. 农村生活污水分散式处理设施运行维护管理应从哪几个
方面进行？ …………………………………………… 152

5. 农村生活污水管网的维护要点是什么？ ……… 153

6. 检查井的作用、设置条件、巡检内容及
应如何进行保养？ …………………………………… 154

7. 阀门的作用及应如何开展日常维护？ ……… 156

8. 如何保证曝气设备的正常运行？ ……… 158

9. 如何保证冬季条件下污水处理设施的稳定运行？ …… 159

10. 设施运行过程中造成堵塞的原因及
解决方案有哪些？ …………………………………… 160

11. 如何对农村生活污水分散式处理设施
开展清扫工作？ …………………………………… 162

12. 为什么要对处理设施出水进行周期性监测？ ………… 163

13. 如何缓解人工湿地及土壤渗滤处理系统在运行中氧气
供给不足的问题？ …………………………………… 164

14. 如何防治生物滴滤池的臭味？ ……………… 166

15. 为保持稳定塘中菌藻系统的高活性，需要开展哪些
维护工作？ ………………………………………………… 168

16. 农村生活污水分散式处理工程应急事故处理应遵循
哪些原则？ ………………………………………………… 169

17. 农村生活污水分散式处理设施运行维护管理过程
中可能存在的安全隐患有哪些？ ……………………… 170

18. 农村生活污水分散式处理设施运维新模式有哪些？
………………………………………………………………… 172

19. 如何有效建立农村生活污水分散式处理设施建设保障
机制？ ……………………………………………………… 173

20. 农村生活污水分散式处理设施运维面临的挑战有
哪些？ ……………………………………………………… 175

参考文献 ……………………………………………………… 177

第一章
农村生活污水分散式处理概论

1. 什么是农村生活污水？

农村生活污水主要是指农村居民生活活动所产生的污水。各地排放标准中关于农村生活污水的定义存在一定的差异。在所有标准中，均明确指出农村生活污水包含农村居民生活产生的冲厕、洗涤、洗浴和厨房的排水，且明确不包含工业废水。

2. 农村生活污水的主要来源有哪些？

我国农村大部分地区，供水设施简单，生活污水根据来源以及物质成分可以划分为黑水和灰水两类。黑水主要来自冲厕、洗浴所产生的废水，包含人体排泄物（尿液和粪便），这类废水通常含有对人体有害的致病菌。灰水主要来源于衣服洗涤、厨房排水，相对于黑水，其污染物浓度更低，更容易处理。如果

1

其中包含的污染物质较少，甚至可以直接用于灌溉。

3. 农村生活污水的主要特点是什么？

（1）高分散性，难以统一收集。我国幅员辽阔，加上农村地形复杂，经济发展程度低，居住地没有经过科学的规划，以小型村落零星分布为主，导致产生的污水无法利用市政管网统一收集，农户一般直接将其排放到房外沟渠或泼洒到地面。因此，在我国农村地区产生的生活污水存在着分散性较高的特点。

（2）地域差异性大，适宜的处理技术不同。受限于我国农村各个区域的发展程度、地形气候不同，应因地制宜选取相应的农村生活污水处理工艺以适配农村生活污水在各个区域的水量和水质。

（3）日用水量集中，季节性特征明显。随着城市化进程的加快，近年来农村常住人口减少，相应产生的生活污水总量减小，但居民每天的用水习惯与之前基本相似，在早、中、晚各有一个用水高峰期，而在其他时间用水较少。同时，季节特征明显，夏季排放量一般高于冬季。

（4）污染物来源单一，可生化性强。农村生活污水以冲厕、洗涤、洗浴和厨房的排水为主，几乎不含有重金属元素等有害物质。主要污染物包含脂类、糖类、洗涤剂等有机物，使得农村生活污水中 COD 平均浓度可达 $300\sim400\mathrm{mg/L}$，同时氮、磷含量较高，比较利于生化处理。

4. 农村生活污水中的主要污染物有哪几类?

农村生活污水中的主要污染物可根据性质划分为三类：物理性污染物、化学性污染物和生物性污染物。其中，化学性污染物和生物性污染物是农村生活污水污染物的主要组成部分。

(1) 物理性污染物。主要来源于厨房排水中的菜叶、不溶性油脂以及排泄过程中粪便含有的不溶物，这些不溶性悬浮物颗粒会造成水质浑浊，外观恶化，改变水体的颜色。

(2) 化学性污染物。该类污染物来源较多，同时是农村生活污水中最普遍的一种污染物。主要由厨房排水、冲厕水和洗浴水中的蛋白质、可溶性油脂、尿素、氨氮、洗涤剂等污染物质组成，这些有机物在水体中相对不稳定，在有氧条件下，经好氧微生物作用进行转化，消耗溶解氧，产生 CO_2、H_2O 等稳定物质；在无氧条件下，可在厌氧微生物作用下进行转化，产生 H_2O、CH_4、CO 等稳定物质，同时释放出 H_2S、硫醇等难闻气体，使水质变黑变臭，造成环境质量进一步恶化。

(3) 生物性污染物。主要是指农村生活污水中的致病性微生物，包括致病细菌、病虫卵和病毒等。由于农村生活污水排放随意，常以露天形式排放，细菌和病原体以生活污水中的有机物为营养而大量繁殖，易导致肝炎、伤寒、霍乱、痢疾、钩虫病等病毒性和虫卵性传染病蔓延流行。

5. 农村生活污水处理技术的选择应遵循哪些原则?

农村生活污水处理技术选择方面的核心思想可以概括为"因地制宜、尊重习惯,应治尽治、利用为先,就地就近、生态循环"。具体有以下三个基本原则:

(1)因地制宜、分类施策。根据本地水资源禀赋、水环境承载力、发展需求和经济技术水平等因素分区、分类开展农村生活污水处理技术研究,实施差别化措施。尽量控制包括收集系统在内的管理设施建设和运行费用,以适应当地公共投入的承载能力。

(2)节水优先、统筹推进。优先利用农村生活污水资源,在不能实行污水回用的地区,污水处理应做到达标排放。秉持"节水即治污"的理念,坚持节水优先,强化用水总量和强度双控。

(3)维护简单、生态循环。根据当地生态情况,就地就近选择合理的农村污水处理模式,配套相应的污水处理技术,设施追求运行管理简易,且尽可能地利用当地技术和管理力量维持正常运行。

6. 目前农村生活污水处理现状如何?

我国农村生活污水处理分为起步阶段(2005—2008年)、发展阶段(2008—2015年)和快速发展阶段(2015年以后)。整体来看,我国农村生活污水处理率逐年增加,根据《2020年城乡建设统计年鉴》和《2021年城乡建设统计年鉴》相关数据统计,2020年对生活污水进行处理的乡村占比34.87%,污水处理装置处理污水能力达98.80万立方米/日,对生活污水进行处理的建制镇占比65.35%,污水处理装置处理污水能力达2157.36万立方米/日;2021年我国有生活污水处理设施的乡村占比36.94%,建制镇占比67.96%,污水处理装置处理污水能力分别达116.61、2361.84万立方米/日。同时,与2020年相比,2021年乡镇排水管道长度分别新增1941.62km和16330.55km。从以上数据可以看出,农村地区生活污水整体的处理状况得到了一定的改善,但仍远远低于城市95%以上的污水处理率。除此之外,我国农村生活污水处理情况地区差异性很大,上海、江苏、广东等发达地区,农村生活污水处理整体水平显著高于东北、西北地区。因此,因地制宜采用污染治理与资源利用相结合、工程措施与生态措施相结合、集中与分散相结合的建设模式和处理工艺,可能是进一步提高不发达地区农村生活污水处理率的一种新策略。

7. 为什么要对农村生活污水进行分散式处理?

近年来，随着中国经济的发展，城市污水处理效果越来越好，城市排水管道以及污水处理量也在逐年增加，而我国农村地区污水的处理情形依然不容乐观。根据 2020 年发布的《第二次全国污染源普查公报》中关于污染源的数据进行建模计算得出，我国农村生活污水的 COD、TP、NH_4^+-N 和 TN 排放量分别占生活源排放总量的 50.8%、38.7%、35.0% 和 30.5%，且大部分污水都是直接排入水体和农田中，这和我国农村地区布局有着很大的关系。

目前我国农村地区的集中供水率不断提高，农户的洗涤、冲厕、洗浴等用水量和排水量不断增加，且农村地区的人口分布较为分散，大多数房屋为自建房，缺乏系统的规划，且农村地区整体较为贫困。因此，产生的农村生活污水由于其量小且分散、缺乏排水收集设施以及受限于经济发展等问题，难以直接效仿城市污水的集中式处理模式，如果盲目铺设排污管道、选用高新技术，不仅会带来极大的经济负担，也会因专业运行管理技术人员和相关政策标准的欠缺，导致后期运行维护脱节，使大量污水处理设施闲置荒废，这与当今大力发展农村经济和开发美丽新农村的理念相悖。因此，依据不同地域农村生活污水的水质以及水量情况，因地制宜选取合适的农村生活污水分散式处理技术来提高农村村民居住幸福感是十分必要的。目前，国内主要应用和研究的农村生活污水分散式处理技术具有占地面积小、出水稳定、操作简单等优点，主要包括土地处理技术、人工湿地技术、生物接触氧化法、生态塘技术、生物滤池技术和一体化设备处理技术等。

8. 农村生活污水收集系统有哪些?

农村生活污水收集系统是农村生活污水处理系统中建设成本最大、运维管理问题较多的一个单元。常见的收集系统分成管路收集系统和水渠收集系统两类。

(1)管路收集系统(图 1-1)。农村生活污水管路收集系统主要是利用出户管、接户管、检查井、隔油池等设施来进行污水的收集。与水渠收集系统相比，管路收集系统污水收集率高、环境污染可控、能有效避免病原菌蔓延，但其前期建设和后期运行成本较高，并且在运行过程中管道容易出现阻塞、乱插错接等问题。现阶段乡村管路设备设计全过程中通常盲目套入城区排水设备的工作经验数据，造成设计过程中管道铺设面积大，导致管路基本建设的成本费增加。

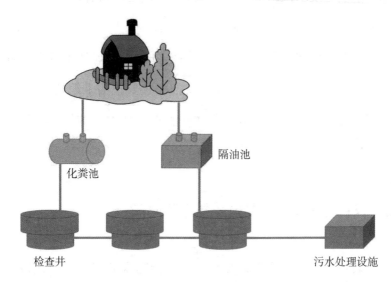

图 1-1　农村生活污水管路收集系统

（2）水渠收集系统（图 1-2）。水渠收集系统因其建造成本低廉而被特困乡村地区广泛采用于灰水的收集，沟渠系统本身也具备一定污染物质去除能力，对水质的适应力也高过管路收集系统。缺点是水渠内的灰水裸露在空气中，受季节影响较大，夏天温度高易散发臭味，且流动速度较低、易滋长蚊虫，冬天易结冻，特别是雨季时期沟渠内污水含沙量高，一方面会阻塞污水处理设备，另一方面进水水质波动大，影响污水处理设施的正常运行。

图 1-2　农村生活污水水渠收集系统

9. 农村生活污水预处理方式有哪些?

　　与工业废水相比，农村生活污水成分简单，其中主要成分为易降解的有机、无机污染物，而难生物降解的有机物、对生物有害的物质和酸碱类腐蚀物含量不高。在预处理过程中以物理法为主，常采用的方法有设置格栅或滤网、沉淀池、隔油井和调节池等，主要去除颗粒性悬浮物、菜叶或包装袋等漂浮物、餐厨废水中的油脂，以此来达到缓冲、控制进水水质及水量的目的。图 1-3 为农村生活污水与工业废水预处理工艺的异同。

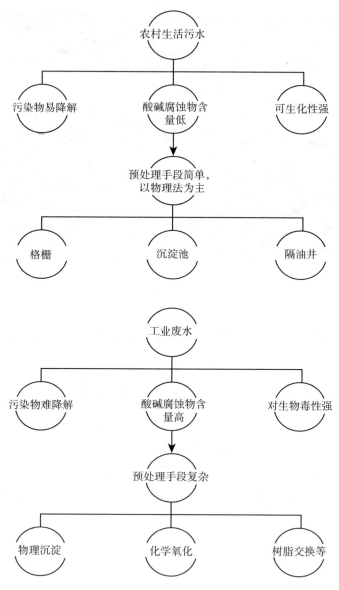

图 1-3　农村生活污水与工业废水预处理工艺的异同

10. 进水负荷对污水处理有什么具体影响?

负荷是污水处理领域的一个重要指标,用于表征污水处理设施可以受纳污水的能力。一般进水负荷可以分为污泥负荷、容积负荷和有机负荷。

(1)污泥负荷为单位质量的活性污泥在单位时间内所去除的污染物的量(比值定义为 F/M),单位为 kgCOD(或 BOD)/(kgMLSS·d)。

(2)容积负荷为曝气池单位容积在单位时间内接受有机污染物的量,由于曝气池有效容积是一定的,所以容积负荷是以有机物供给为基础来进行计算的。

(3)有机负荷为单位体积污水处理反应器在单位时间内接纳的有机污染物量,一般不包括反应器回流量中的有机物。可以用 COD 或 BOD_5 来表示,也称 COD 或者 BOD_5 负荷。

在农村生活污水处理时,污染物的去除主要是依靠微生物代谢活动实现的,只有处于良好的营养搭配下,微生物才能处于最佳的生长状态。当负荷过低时,微生物生长营养不良,甚至分解自身物质来维持其生命活动,对微生物生长繁殖产生不利影响。反过来,当进水负荷过高时,将会对污水处理系统产生冲击,使得系统的污泥负荷和容积负荷发生变化,对微生物和处理效果带来一定的影响,严重时导致污水系统崩溃,需要较长时间来恢复。

11. 农村生活污水处理后应遵循哪些排放标准?

按照国家综合排放标准与国家行业排放标准不交叉执行的原则,除国家特殊规定的行业水污染物排放标准外,所有其他水污染物排放标准均执行《污水综合排放标准》(GB 8978—1996)。但随着国家乡村振兴战略的提出,农村生活污水处理问题受到了极大的重视。受限于我国农村地区水文地质特征差异大,产生的生活污水污染物组成不同,导致了适宜处理生活污水的设施亦有不同。因此,2018年9月,中华人民共和国生态环境部、中华人民共和国住房和城乡建设部联合发布了《关于加快制定地方农村生活污水处理排放标准的通知》,明确提出各省、市要根据相关要求,抓紧制定地方农村生活污水处理排放标准。目前,全国已公布农村污水处理设施水污染物排放标准正式稿的省级行政单位共31个,大部分省市出台的标准中关于污染物中的 pH、COD、SS、TP、NH_4^+-N、动植物油和 TN 的浓度均小于 GB 8978—1996 中污染物允许排放限值的三级标准。各省市详细的农村生活污水排放标准如表1-1所示。

表1-1　31个省级行政单位农村生活污水排放标准

省份/直辖市	标 准 名 称
福建	《农村生活污水处理设施水污染物排放标准》(DB 35/1869—2019)

续表

省份/ 直辖市	标 准 名 称
山西	《农村生活污水处理设施水污染物排放标准》（DB 14/726—2019）
安徽	《农村生活污水处理设施水污染物排放标准》（DB 34/3527—2019）
四川	《农村生活污水处理设施水污染排放标准》（DB 51/2626—2019）
湖南	《农村生活污水处理设施水污染物排放标准》（DB 43/1665—2019）
广东	《农村生活污水处理排放标准》（DB 44/2208—2019）
黑龙江	《农村生活污水处理设施水污染物排放标准》（DB 23/2456—2019）
山东	《农村生活污水处理处置设施水污染物排放标准》（DB 37/3693—2019）
辽宁	《农村生活污水处理设施水污染物排放标准》（DB 21/3176—2019）
海南	《农村生活污水处理设施水污染物排放标准》（DB 46/483—2019）
湖北	《农村生活污水处理设施水污染物排放标准》（DB 42/1537—2019）
新疆	《农村生活污水处理排放标准》（DB 65 4275—2019）
云南	《农村生活污水处理设施水污染物排放标准》（DB 53/T 953—2019）
贵州	《农村生活污水处理水污染物排放标准》（DB 52/1424—2019）

省份/直辖市	标 准 名 称
甘肃	《农村生活污水处理设施水污染物排放标准》（DB 62/4014—2019）
天津	《农村生活污水处理设施水污染物排放标准》（DB 12/889—2019）
江西	《农村生活污水处理设施水污染物排放标准》（DB 36/1102—2019）
上海	《农村生活污水处理设施水污染物排放标准》（DB 31/T 1163—2019）
河南	《农村生活污水处理设施水污染物排放标准》（DB 41/1820—2019）
北京	《农村生活污水处理设施水污染物排放标准》（DB 11/1612—2019）
陕西	《农村生活污水处理设施水污染物排放标准》（DB 61/1227—2018）
江苏	《农村生活污水处理设施水污染物排放标准》（DB 32/3462—2020）
重庆	《农村生活污水集中处理设施水污染物排放标准》（DB 50/848—2021）
河北	《农村生活污水排放标准》（DB 13/2171—2020）
宁夏	《农村生活污水处理设施水污染物排放标准》（DB 64/700—2020）
青海	《农村生活污水处理排放标准》（DB 63/T 1777—2020）

续表

省份/直辖市	标 准 名 称
内蒙古	《农村生活污水处理设施污染物排放标准（试行）》（DB HJ/001—2020）
吉林	《农村生活污水处理设施水污染物排放标准》（DB 22/3094—2020）
广西	《农村生活污水处理设施水污染物排放标准》（DB 45/2413—2021）
浙江	《农村生活污水集中处理设施水污染物排放标准》（DB 33/973—2021）
西藏	《农村生活污水处理设施水污染物排放标准》（DB 54/T 0182—2019）

12. 未处理的农村生活污水对水体有什么危害?

农村生活所产生的污水如果没有经过处理就直接排放会造成环境污染。一方面，水中污染物会直接对周围水体造成污染，危害人民健康和导致疾病的发生；另一方面，水中污染物会导致生态环境中氮和磷等元素的超标，对农作物的生长和土壤理化性质会有一定的影响。可以将未处理的农村生活污水带来的危害分为两类：

（1）对周围土壤、地下水和地表水造成的直接危害。随着近些年农村地区"厕所革命"的兴起，许多旱厕、公厕被推倒重建，但仍存在未经卫生厕所改造和防渗处理的厕所，粪便渗出会污染村庄及周边地区的土壤和地下水，增加消化道疾病粪-口传播的风险；如果村庄位于饮用水水源一、二级保护区、准保护区等生态敏感区，生活污水直接排入水源或随降水地表径流排入水源，会严重危及饮用水安全，特别是当村庄周围有水产养殖区时，还会危及水产品的质量和安全。

（2）对地表水、地下水污染所带来的间接危害。大量未处理的生活污水聚积在村镇周围，散发出的臭味严重影响人们的健康，降低居民的获得感、幸福感和满足感。生活污水中富含的COD、BOD、氮、磷等污染物逐渐汇入地表水，会造成静置或流速慢的水域变成黑臭水体或富营养化水体，当生活污水聚积在村庄或其周围，超过区域生态环境的消耗能力时，就会破坏区域生态系统的稳定性，引发生态安全危机。除此之外，富营养化的池塘、湖泊为害虫、病菌的繁殖提供了有利的环境，增加了血液疾病的传播风险。

13. 什么是农村水体富营养化？其危害主要体现在哪些方面？

农村水体富营养化是指农村地区村镇周围湖泊水库等流速较小的水体中氮磷等营养物质过量，普遍认为总磷和无机氮超

过 $10\sim20mg/m^3$ 和 $200\sim300mg/m^3$ 时，在光照和水温等物理因子较为合适的情况下，会使得藻类和其他水生生物大量繁殖，水体透明度和溶解氧含量大幅下降，引发水生植物及其他微生物死亡、水质恶化。目前有研究表明，氮、磷等营养盐是造成水体富营养化的主要原因，除此之外，温度、光照、风浪、水动力和 pH 等因素也会对水体富营养化造成影响。图 1-4 所示为富营养化水体。

图 1-4　富营养化水体

由于农村缺乏相应的环保理念，污水处理措施单一或欠缺，村镇周边水体富营养化已经屡见不鲜。根据相关研究可以将水体富营养化的危害划分为三个方面：

（1）改变水体本身的物理性质。富营养化后的水体透明度显著降低，阳光不能照射到水中，使得水体中植物的光合作用停止，溶解氧含量不断下降，最终形成一个恶性循环，产生一个相对厌氧的环境，大量死亡的动植物尸体及代谢物沉淀到水下，经厌氧微生物的作用被分解为 CH_4、H_2S 等气体，使水体散发出难闻的气味。

（2）改变物种多样性。由于水体表面的藻类和浮游生物死亡沉淀，会导致以有机物碎片为食物的有毒类寄生微生物（厌氧菌）迅速增殖，从而增加了致病菌的传播概率。同时，这个过程再次增加了水底氧气的消耗，使得地下水维持在低氧或者无氧的状态，水体中其他生物因缺氧窒息而死亡。长期缺乏溶解氧使得厌氧菌迅速增殖，对水生生物多样性和生态稳定性造成严重的威胁。

（3）危害人体健康。在富营养化水体中，藻类的大量增殖所释放出的一系列毒性成分，会导致水中的生物体死亡。同时，鱼、牛、羊等动物因食物链传递而摄入这些有毒物质时，会导致体内的毒性不断累积。人类长期食用污染水体中的鱼类、贝类产品时，会造成中毒，对人体的健康和生命造成极大的威胁。除此之外，高浓度的富营养化水体会导致水中的亚硝态氮、氨

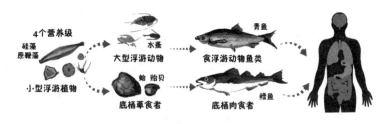

图 1-5 食物链能级传递图

态氮等有害物质持续增加，人类饮用这种水会对身体的正常离子产生一定的干扰，从而导致血液的传输和吸收氧气的功能下降，还会不利于肾脏、脾、甲状腺内的血液循环，从而对人类的生长发育产生一定的负面影响。

14. 什么是溶解氧？溶解氧对农村生活污水分散式处理有什么意义？

溶解氧定义为溶解在水中的分子态氧的浓度，通常记作 DO（单位为 mg/L）。一般情况下水中的溶解氧含量与空气中氧的分压、水的温度有密切关系，在自然情况下，空气中的含氧量变动不大，所以水温是影响水体溶解氧浓度的主要因素。同时，水中溶解氧的多少是衡量水体自净能力的一个指标，水里的溶解氧被消耗后恢复到初始状态，所需时间越短，该水体的自净能力就越强，否则说明水体污染严重，自净能力减弱，甚至失去自净能力。

由于农村生活污水污染物来源单一、毒性低，适宜采用生化处理技术，所以溶解氧对于农村生活污水分散式处理有着重要的影响，直接影响微生物降解污染物的代谢过程。不同微生物对溶解氧的浓度要求亦有差异：好氧微生物需要供给充足的溶解氧，一般来说，溶解氧维持在 3mg/L 为宜，最低不应低于 2mg/L；兼氧微生物要求溶解氧的浓度范围在 0.2~2.0mg/L；

而厌氧微生物要求溶解氧的浓度在 0.2mg/L 以下。

15. pH 值对农村生活污水分散式处理有什么影响?

　　由于农村生活污水中污染物成分简单,一般不需要进行污水预处理,可以因地制宜直接选取合适的分散式处理措施。pH值是影响农村生活污水分散式处理效果的主要因素,主要体现在对微生物的生命活动、物质代谢上。大多数微生物对 pH 值的适应范围在 4.5~9.0,而最适 pH 值范围为 6.5~7.5。当 pH 值低于 6.5 时,真菌开始与细菌竞争营养物质;pH 值到 4.5 时,真菌在体系中将完全占据优势,从而影响细菌在污水处理中的代谢过程;当 pH 值超过 9.0 时,微生物的代谢速度将受到阻碍。在好氧生化反应过程中,pH 值应在 6.5~8.5 之间变化;相对于好氧过程,厌氧过程中的微生物对 pH 值的要求更为严格,pH 值应在 6.7~7.4 之间,主要是因为厌氧消化过程第三阶段中产甲烷菌需 pH 值在中性附近才能发挥作用,否则将直接影响反硝化过程中对 COD 的去除。

16. 化学需氧量和生化需氧量指什么? 其比值对农村生活污水分散式处理有什么意义?

　　化学需氧量(Chemical Oxygen Demand,简称 COD)是用氧化

剂(如重铬酸钾或高锰酸钾)在酸性条件下将水中有机污染物和一些还原物质完全氧化所需的氧化剂量,通过换算得到单位体积水消耗的氧量(单位一般为 mg/L),是反映水中有机物含量的重要指标。

生化需氧量(Biochemical Oxygen Demand,简称 BOD)亦称生化耗氧量,是在水温 20℃、有氧条件下,水中有机污染物通过好氧微生物的代谢活动分解时所消耗的溶解氧量(单位是 mg/L)。BOD 主要用于间接表示水中可被微生物降解的有机物含量,这个过程可以持续较长时间。在实际应用过程中,通常用 5 天生化需氧量(BOD_5)作为可生物降解有机物的综合浓度指标。一般情况下,污水中成分相对稳定时,同一水样 COD 浓度大于 BOD_5 浓度。

根据水体中污染物的可生化性,可以将污染物的生物降解性分为易生物降解、可生物降解和难生物降解三类。BOD_5/COD(B/C)在一定程度上可以表示污水的可生化降解特性,该比值越大表明污水中可被生物降解的有机物越多,该类污水有机物越容易被生物处理。而农村生活污水的 B/C 一般高于 0.3,被认为是较为适宜采用生化处理的一类废水。

17. 氮素在农村水体中主要有哪几种存在形式?

氮素在农村水体中的存在形式可以进行多级划分,整体可以划分为有机氮和无机氮两类，其中无机氮可以划分为氨氮、硝氮、亚硝氮三类。具体来说，有机氮指水体污染物中含氮有机化合物的总称，氨氮主要是指水中游离氨（NH_3）与离子铵（NH_4^+）的总和，两者的比例主要与水温和 pH 值有关，硝氮、亚硝氮是指水中存在的硝酸盐氮（NO_3^--N）和亚硝酸盐氮（NO_2^--N），而水体中一切含氮化合物以氮计量的总和定义为总氮（TN）。水体中不同形式的氮素可以通过生物作用互相转化循环，具体转换路径如图 1-6 所示，主要包括以下循环路径：①水体中有机氮一般不稳定，通常经过微生物氨化作用生成 NH_4^+-N；②NH_4^+-N 在有氧条件下由微生物硝化作用转化为 NO_2^--N 和 NO_3^--N；③NH_4^+-N、NO_2^--N 和 NO_3^--N 的无机氮可以被微生物吸收同化为有机氮；④亚硝酸盐氮、硝酸盐氮可以通过微生物反硝化作用或者厌氧氨氧化还原为 N_2。

氮素的危害主要体现在对农村周围水体的污染上，氮污染中的硝酸盐和亚硝酸盐会危害人体健康，使听觉、嗅觉反应缓慢，引发多种疾病。被吸收的亚硝酸盐能与人体中血红蛋白反应产生高铁变性血红蛋白，对自身免疫系统尚未发育完全的婴儿毒害作用较大，会导致其血液输血能力下降，甚至产生"致癌、致畸、致突变"的"三致"作用。同时水体中氮素富集易发生富营养化，造成水质恶化，危及生物链的能量传递，从而使水生态环境结构遭到破坏。除此之外，若村庄周边存在水产养殖区，由于氨氮自身毒性以及氧化过程会大量消耗溶解氧，会

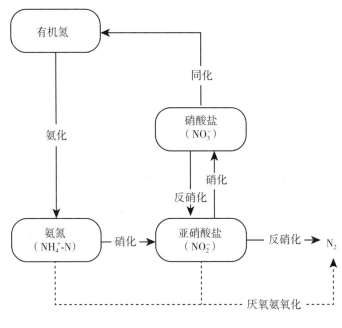

图 1-6 水体中氮素循环图

直接影响水产经济以及水产品的质量安全。

18. 影响硝化/反硝化进程的因素主要有哪些?

硝化/反硝化是污水处理中去除氮素的两个重要过程,受温度、溶解氧、pH 值、碳氮比及有害物质等因素的制约。由于农村生活污水成分相对简单,基本不含有害物质,因此主要受以下几个因素的影响:

（1）温度。硝化反应的适宜温度范围是 30~35℃，而反硝化细菌的适宜生长温度为 20~40℃，两者在温度低于 15℃时，均会受到一定的抑制，因此在冬天气温较低时运行，为了保证出水水质达标排放，应该提高污水的停留时间，同时降低进水负荷。

（2）溶解氧。硝化反应在好氧环境下进行，溶解氧低于 2mg/L，氨氮有可能被完全硝化，溶解氧低于 0.5~0.7mg/L 时，基本上停止硝化过程。而反硝化过程要正常运行，溶解氧浓度应保持在 0.2mg/L 以下，保持氧化还原电位为 -110~ -50mV。

（3）pH 值。硝化菌和反硝化菌对 pH 值很敏感，硝化反应的 pH 值适宜范围是 7.2~8.0，而反硝化反应的最佳 pH 值范围为 6.5~7.5。

（4）碳氮比（C/N 或 BOD_5/TN）。C/N 是反映整个污水处理系统中异养菌与硝化菌竞争底物和溶解氧能力的指标，直接影响污水氮素的去除。在硝化过程中，硝化菌为自养型微生物，代谢过程不需要有机质，过高的 COD 浓度反而会抑制硝化过程，因此在合理的范围内，C/N 越小，硝化反应越容易进行。而在反硝化过程中，反硝化菌需要足够的碳源进行生化反应，BOD_5/TN 一般维持在 5~7 左右，就可以保证整个反硝化过程的顺利进行。

19. 农村生活污水中 C/N 对农村生活污水分散式处理有什么影响?

　　传统的农村生活污水分散式处理工艺,如氧化塘、人工湿地、生态浮床等,对污水中氮元素的去除原理主要依靠硝化-反硝化过程将污水中的有机氮、NH_4^+-N 转化为 NO_2^--N 和 NO_3^--N,最终生成 N_2。污水脱磷则利用聚磷菌对磷酸盐的储存能力通过排放剩余污泥的方式实现对含磷污染物的去除。在脱氮除磷过程中,聚磷菌的释磷与反硝化菌对硝态氮的还原均需要有机质参与,因此脱氮与除磷过程涉及对污水中碳源的竞争,由此可见碳源的充足是提高脱氮除磷效率的关键。如果污水进水 C/N 较低,则会加剧氮磷去除的矛盾性,其中反硝化脱氮过程中碳源不足的现象尤为明显,最终造成污水处理出水水质不达标。而如果污水进水 C/N 过高,又会抑制硝化细菌的生长代谢,COD 和氨氮争夺水中的溶解氧,造成硝化过程不完全,影响水体中氮素的去除。

20. 可溶性磷、可溶性总磷和总磷分别指什么?

　　可溶性磷一般指水体中可溶性的正磷酸盐(PO_4^{3-}),可溶性总磷指的是溶解状态的磷,包含水体中部分可溶性有机磷和几乎所有的无机磷。总磷（TP）指水体中磷元素的总含量，一般包含无机磷形式的正磷酸盐、缩合磷酸盐、焦磷酸盐、偏磷酸盐、亚磷酸盐和有机团结合的有机磷酸盐等。

农村生活污水中磷的主要来源为洗涤剂和粪便冲厕水，其中磷对农村水体最大的危害就是它会造成水体富营养化，而且磷对水体富营养化的贡献率远远大于氮，水体中磷浓度不需要很高就可以引起水体富营养化。同时，区别于氮素循环，水体中的磷在自然界中是单向循环，最终依靠沉积作用积淀在海洋底部。因此，控制磷污染的同时回收水体中的磷已经成为污水处理领域的前沿课题。

第二章
农村生活污水分散式处理技术

1. 农村生活污水分散式处理技术有哪些?

　　由于我国多数农村居民居住较为分散,且受到地理环境及经济发展的制约,故更适宜采用分散式处理模式。目前,我国农村污水分散式处理技术主要有化粪池、稳定塘、人工湿地、生态浮床、土壤渗滤系统、净化槽和生物滴滤池等多种形式。除此之外,还有多种工艺连用的组合工艺形式。在具体技术的选择上,应综合考虑总体投资、处理效率和运行管理成本等因素,根据实际情况做出判断。

2. 为什么处理前端要设计化粪池?

　　化粪池作为农村地区最广泛采用的污水局部收集及处理的构筑物,对水生生态环境的保护发挥着不可替代的作用。由于农村地区居民分布整体而言相对分散，管网铺设成本负担较重，污水处理设施后续维护困难，而传统化粪池初期投入成本较低、技术结构较为简单、后续管理较为方便，可以作为农村地区临时性的或者简易的排水设施。其中，化粪池的主要优点有：①化粪池可以作为现代污水处理设施中的预处理设施，能够有效截留污水中的有害病原虫、沉淀大颗粒悬浮物，缓解防疫卫生压力，有效保证污水管道的正常使用；②化粪池也可以积累获取有机肥料，回收污水中的营养盐成分。图 2-1 所示是农村地区简易化粪池的外部结构。

图 2-1　化粪池

化粪池诞生至今已经有一百多年的历史，整体上来看，其内部构造并没有发生巨大的改变，是最原始的厌氧反应器之一。化粪池的工作原理是利用沉淀和厌氧发酵的方法，去除污水中的悬浮性有机物。由于比重不同,污水中密度较大的固体物会沉淀下来形成沉积层,而密度较轻的油脂等物质上浮形成浮渣层,中间则为悬浮液。在兼性/厌氧菌作用下,污水中的污染物质会逐渐降解,并产生 CH_4、CO_2 和 H_2S 等气体。经过充分稳定化后,沉积层固体通过清掏可以作为肥料;中间层的悬浮液在环境要求不高时可直接排放,否则须进入后续处理单元进行深度处理;而上层浮渣和底层沉渣需定期清掏,以免影响化粪池的处理效果。

3. 化粪池分为哪几种类型?

化粪池作为历史悠久的农村地区污水局部收集及处理的构筑物,其应用广泛,更能作为预处理设施降低后续污水处理工艺的进水负荷。常见的化粪池有以下 5 种:

(1)三格化粪池。主要由盖板、进粪管、分格池和过粪管等部分组成,其原理是利用密度不同,将粪尿混合液中悬浮物沉淀,再通过密闭厌氧发酵、液化、氨化、生物拮抗等作用除去和杀灭寄生虫卵及病菌,进而达到粪便无害化的目的。目前,三格化粪池结构主要有《建筑给水排水设计标准》(GB 50015—2019)中提出的 3∶1∶1 型;《镇(乡)村排水工程技术规程》(CJJ 124—2008)中提出的 2∶1∶1 型;《农村户厕卫生规范》(GB 19379—2012)中提出的 2∶1∶3 型结构(数字比代表化粪池三部分容积比)。在这些结构中，如图 2-2 所示的 2∶1∶3 型的化粪池更加适用于农村户厕的设计规范而被广泛使用。

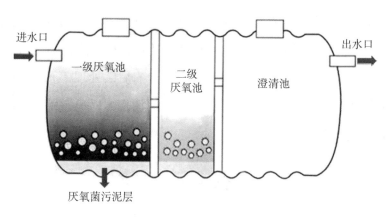

图 2-2　三格化粪池

(2)沼气化粪池。沼气化粪池是在传统化粪池基础上进行改造，使其具备严格的厌氧环境，共有长条形、矩形、圆形三种池型，可供不同条件的地区选择。其原理是池内生活污水中的有机物经过厌氧微生物分解，大部分转换成 CH_4 和 CO_2，进而达到部分去除污水中可生化有机物的目的，同时杀死污水的虫卵、病原菌等，还能获得清洁的能源，产生的沼渣、沼液也可以用作肥料。然而，沼气化粪池只能用于高浓度的粪便污水处理，对于混合排放的常规生活污水则不适用。

(3)好氧曝气化粪池。池中污水首先由污物分离槽进行预处理，将粗大颗粒物分离出去，然后在曝气室中经曝气分解有机污染物，再沉淀分离悬浮物，最后上层液体经消毒后排出。这种化粪池的特点是：污水停留时间很短（一般只有 2~4 小时）、出水水质稳定且池子容积较小。

（4）UASB 型化粪池。升流式厌氧污泥床反应器是目前发展最快、应用最广泛的厌氧发酵反应器，如图 2-3 所示。UASB 型化粪池（UASB-ST），是荷兰 Letting 教授在 UASB 原理的基础上，对常规化粪池进行改进，即在化粪池的顶部设置气、液、固三相分离器，并且采用上升流式进水，以提高悬浮固体的去除率，同时提高溶解性组分的生物转化率。UASB 型化粪池较常规化

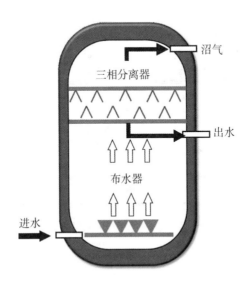

图 2-3　UASB 型化粪池

粪池的有机物去除效率更高，可以得到更好的出水水质，且运维更为简单，1~2 年清掏 1 次即可。

(5)填料型化粪池。该类化粪池共有两种构筑方式，一种包含两个独立单元：化粪池单元和填料单元。其中，沉淀、厌氧发酵过程发生在化粪池单元内，再通过填料单元，发挥填料及厌氧微生物的截留(过滤)、吸附和分解有机物的作用，使粪便污水出水水质达到稳定；另一种是直接在化粪池单元填充高效弹性填料，再利用隔板将其分为多格室，使微生物在填料上附着生长，从而使污水与微生物的接触面积增加，提高反应效率，随后出水在沉淀室静置澄清后排出。填料化粪池如图 2-4 所示。

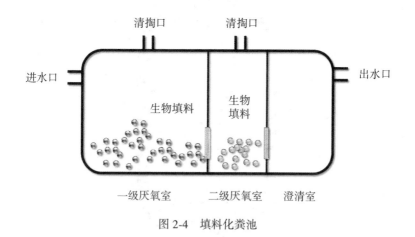

图 2-4　填料化粪池

4. 有哪些种类的稳定塘?

稳定塘按塘中微生物优势群体类型和塘中溶解氧分布状况可分为好氧塘、兼性塘和厌氧塘,按用途又可分为深度处理塘、强化处理塘、储存塘和综合生物塘等,由上述不同类型的塘组合成的塘称为复合稳定塘。此外,还可以用排放间歇或连续、污水进塘前的处理程度或塘的排放方式(如果用到多个塘的时候)进行划分。下面主要针对常用的溶解氧分类方式,对稳定塘进行分类介绍:

(1)好氧塘。好氧塘(aerobic pond)是一类在有氧状态下净化污水的稳定塘,完全依靠藻类光合作用和塘表面风力搅动自然复氧供氧。好氧塘一般适于处理 BOD_5 小于 100mg/L 的污水,多用于处理其他处理设施的出水,其出水溶解性 BOD_5 低而藻类生物量高,因而往往需要补充除藻过程。好氧塘按有机负荷的高低又可分为高负荷好氧塘、普通好氧塘和深度处理好氧塘。图 2-5 所示是农村地区典型的好氧塘处理单元。

(2)厌氧塘。厌氧塘(anaerobic pond)是一类在厌氧状态下净化污水的稳定塘,其有机负荷高、以厌氧反应为主。当稳定塘中降解有机物所需的化学需氧量超过光合作用的产氧量和塘面复氧量时,该塘即处于厌氧条件。塘中厌氧菌大量生长并消耗有机物,这个过程主要涉及水解酸化和厌氧发酵反应。由于

图 2-5 好氧塘

专性厌氧菌在有氧环境中不能生存,厌氧塘常常是一些表面积较小、深度较大的塘。

(3)兼性塘。兼性塘(facultative pond)是指在上层有氧、下层无氧的条件下净化污水的稳定塘,是最常用的塘型之一。其运行效果主要取决于藻类光合作用产氧量和塘表面的复氧情况。兼性塘的突出优势在于:运行管理极为方便,较长的污水停留时间使它能承受污水水量、水质波动较大带来的进水冲击,而不至于严重影响出水水质。此外,为了使 BOD_5 面积负荷保持在适宜的范围之内,兼性塘通常需占据较大的土地面积。

5. 稳定塘工艺的净化机理是什么?

好氧塘内存在着细菌、藻类和原生动物的共生系统, 在有阳光照射时, 塘内的藻类进行光合作用, 释放出氧, 同时由于风力的搅动, 塘表面还存在自然复氧过程, 二者使塘水呈好氧状态。塘内的好氧型异养细菌利用水中的氧, 通过好氧代谢氧化分解有机污染物并合成自身的细胞质(细胞增殖), 其代谢产物二氧化碳则是藻类光合作用的碳源。塘内菌藻生化反应可用下式表示:

细菌的降解作用:

有机物$+O_2+H^+\rightarrow CO_2+H_2O+NH_4^++C_5H_7O_2N$

藻类的光合作用:

$106CO_2+16NO_3^-+HPO_4^{2-}+122\ H_2O+18H^+\rightarrow 138O_2+$

$C_{106}H_{263}O_{110}N_{16}P$

上述生化反应表明, 好氧塘内有机污染物的降解过程是溶解性有机污染物转化为无机物和固态有机物(细菌与藻类)的过程, 具体工作原理如图 2-6 所示。

厌氧塘对有机污染物的降解是由两类厌氧菌通过产酸发酵和甲烷发酵两阶段来完成的。兼性厌氧产酸菌先将复杂的有机物水解, 转化为简单的有机物(如有机酸、醇、醛等), 专性厌氧菌(产甲烷菌)再将有机酸转化为 CH_4 和 CO_2。由于产甲烷菌

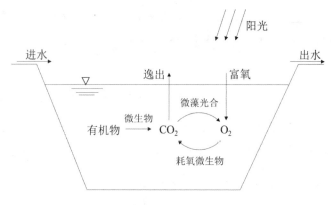

图 2-6　好氧塘的工作原理示意图

的世代时间长，增殖速率慢，且对溶解氧和 pH 值敏感，因此厌氧塘的设计和运行必须以甲烷发酵阶段的要求作为控制条件，控制有机污染物的投配率，以保持产酸菌与产甲烷菌之间的动态平衡，工作原理如图 2-7 所示。通常厌氧塘应控制塘内的有机酸浓度在 3000mg/L 以下，pH 值为 6.5~7.5，进水的 BOD_5：N：P = 100：2.5：1，硫酸盐浓度在 500mg/L 以下。

兼性塘的好氧区对有机污染物的净化机理与好氧塘基本相同。但由于污水的停留时间长，可供硝化菌进行硝化反应，降低了污水中的氨氮浓度。兼性层的溶解氧较低，微生物种类主要为异养型兼性细菌，它们既能利用水中的溶解氧来氧化分解有机污染物，也能在无分子氧的条件下，以 NO_3^-、CO_3^{2-} 作为电子受体进行无氧代谢。厌氧层几乎没有溶解氧，主要以可沉物质和死亡的藻类、菌类在此形成污泥层为主，污泥层中的有机

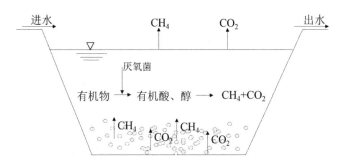

图 2-7　厌氧塘的工作原理示意图

质由厌氧微生物对其进行厌氧分解。分解过程中未被甲烷化的中间产物(如脂肪酸、醛、醇等)进入塘的上、中层,由好氧菌和兼性菌继续进行降解。而二氧化碳、氨气等代谢产物进入好氧层,部分逸出水面,部分参与藻类的光合作用,工作原理如图 2-8 所示。

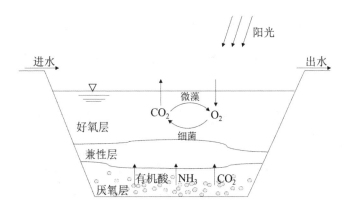

图 2-8　兼性塘的工作原理示意图

6. 不同类型的稳定塘中生物种群的差异有哪些？

运行平稳的稳定塘内会建立良好的生态系统，其中存在着丰富的生物种群，且因塘中环境差异而形成了不同的种类和分布情况，下面主要介绍不同稳定塘中的生物种群构成。

(1) 好氧塘内的生物种群。好氧塘内的生物种群主要有细菌、藻类、原生动物和后生动物等。细菌主要生存在水深 0.5m 的上层，浓度约为 $1 \times 10^8 \sim 5 \times 10^9$ 个/mL，绝大部分属兼性异养菌。这类细菌以有机化合物如糖类、有机酸等作为碳源，并以这些物质分解过程中产生的能量作为维持生理活动的能源。污水中有机污染物的降解主要来自细菌的分解作用。藻类可以进行光合作用，是塘水中溶解氧的主要提供者。藻类主要有绿藻、蓝藻两种，有时也会出现褐藻，其种类和数量与塘的负荷有关，它可反映塘的运行状况和处理效果。如果塘水中营养物质浓度过高，藻类会异常繁殖，引发水华。此时藻类会聚结形成蓝绿色絮状体和胶团状体，使塘水浑浊。原生动物和后生动物的种属数与个体数较少，通常捕食塘中的藻类和细菌，维持塘中完整的生态结构。

(2) 兼性塘内的生物种群。兼性塘内的生物种群与好氧塘基本相同，但由于其存在兼性层和厌氧层，使产酸菌和厌氧菌得以生长。在缺氧条件下，产酸菌可将有机物分解为乙酸、丙酸和丁酸等物质，产酸菌对温度及 pH 值的适应性较强，常存在于兼性塘的较深处。厌氧菌常见于兼性塘的污泥区，产甲烷菌是其中之一，它将有机酸转化为甲烷和二氧化碳，但甲烷水溶性极差，将很快逸出水面，达到降解塘内有机物的目的。

（3）厌氧塘内的生物种群。厌氧塘中参与生化反应的主要有产酸菌、产氢产乙酸菌和产甲烷菌，三者共存于系统中，但不是直接的食物链关系。产酸菌和产氢产乙酸菌的代谢产物（有机酸、乙酸和氢气）是产甲烷菌的营养物质。产酸菌和产氢产乙酸菌是由兼性厌氧菌和专性厌氧菌组成的菌群，而产甲烷菌则是专性厌氧菌。产甲烷菌的世代时间长，增殖速率缓慢，厌氧发酵反应速率也较慢，而产酸菌和产氢产乙酸菌的世代时间短，增殖速率较快，因此三种细菌需保持动态平衡，否则会导致有机酸大量积累，使 pH 值下降，抑制甲烷发酵反应，从而影响污染物的去除效率。

7. 稳定塘工艺的优点有哪些？

目前稳定塘在我国应用时运行情况基本上是"三三制"，即 1/3 正常运行，1/3 间断运行，1/3 停止使用。稳定塘作为一项成熟的污水处理技术，具备一些较为突出的优点，主要有：

（1）能够充分利用地形，工程简单，基建投资较少。稳定塘的建造可以利用当地现有的塘、堰及农业开发利用价值不高的废河道、沼泽地和峡谷等地段，因此可以发挥整治国土、绿化及美化环境的效益。在建设上也具有周期短、易于施工的优点。

（2）能够实现污水资源化，使污水处理与利用相结合。稳定塘处理后的污水，一般能够达到农业灌溉的水质标准，可直接用于农业灌溉，充分利用污水的水肥资源。稳定塘内存在着由多级食物链组成的复杂生态系统，可将污水中的营养元素通过食物链逐级转化为鱼、水禽等，供给人们食用。因此，利用稳定塘处理污水有着十分明显的社会及经济效益。

（3）污水处理能耗少，维护方便，成本低廉。稳定塘以太阳能为初始能源，风能为辅助能源，通过合理设计，可以实现自然复氧的运作模式，达到降低处理能耗的目的。同时，稳定塘不需要复杂的机械设备和装置，大大降低了运行过程中的维护难度，而且运行成本较为低廉。

（4）美化环境，形成生态景观。稳定塘可以通过不同搭配方式来打造四季都具有观赏价值的景观，运行状况良好的稳定塘不仅是有效的污水处理设施，而且是现代化的生态农业基地和游览地。

（5）抗冲击负荷能力强，能承受水质和水量大范围的波动。农村污水水量小且波动很大，还具有很强的季节性。稳定塘可接收的污染物浓度范围较广泛，可有效处理不同地区及不同负荷的农村生活污水。

8. 人工湿地的工作原理是什么?

对人工湿地污水处理技术的研究可以追溯到英国约克郡 Earby 的湿地系统,该湿地系统从 1903 年一直运行到 1992 年。另外,1953 年德国的 Seide 报道中也提出芦苇的根区可作为微生物的活性区域,以此作为生化反应区能发挥转化、降解有机物的作用。而 20 世纪 60 年代和 70 年代 Kathea Seidel 与 Reinhold Kickuth 的研究成果则被公认为奠定了人工湿地研究的基础。我国对人工湿地技术的研究起步较晚,约在 20 世纪 80 年代,人工湿地技术得到了较大发展。1987 年在天津市环科所建成的芦苇湿地处理系统是我国早期人工湿地系统的典型之一,其占地 $6hm^2$,处理量为 $1400m^3/d$。

人工湿地是经过工程设计的系统,对污水的净化主要依赖于包括物理沉降、过滤、填料吸附、植物吸收以及微生物降解等在内的多种机制共同作用,而人工湿地中微生物对污染物的降解作用是实现废水净化的主要作用,图 2-9 所示是某人工湿地生态系统的示意图。

图 2-9　人工湿地

9. 人工湿地由哪几个部分组成?

一般而言, 人工湿地由以下五个结构单元组成: 底部的防渗层、由填料及土壤组成的基质层、由湿地植物的落叶及微生物尸体等组成的腐殖质层、水体层和湿地植物, 具体结构如图2-10所示。

(1)防渗层是为了防止未经处理的污水通过渗透作用污染地下含水层而铺设的一层透水性较差的物质。如果现场的土壤具有较强的防渗能力, 可以直接压实用作防渗层, 如果不能够提高防渗效果, 就需铺设一些人工合成的防渗材料。

(2)基质层主要由填料构成。填料主要通过物理化学作用

图 2-10 人工湿地结构单元组成图

对污水中的污染物质进行固定，如吸附络合等作用。人工湿地内氮素可以在填料表层积累，实现小部分氮素的去除，而填料对磷的吸附则是人工湿地对废水中磷的主要去除手段，其机理在于基质表面的金属阳离子与污水中溶解的磷酸根相结合，从而将磷固定下来。

（3）腐殖质层中，微生物活动最为丰富。人工湿地对于有机污染物的去除主要依靠好氧或者厌氧微生物的降解作用。对于好氧微生物所需的氧气，主要通过大气中的氧气扩散、对流和/或植物根部转移这三种途径获取。而厌氧微生物则广泛存在于湿地内部缺氧区域。人工湿地对于氮的去除大部分也基于微生物的生化作用，主要去除途径包括氨化作用、硝化作用、反硝化作用、微生物同化作用和异化硝酸盐还原作用等。

（4）水体层中，水体在表面流动，同时水中微生物对污染物进行生物降解。水体层的存在为鱼、虾、蟹等水生动物和水禽等生物提供了栖息场所，有利于人工湿地系统的稳定运行。

（5）湿地植物在人工湿地净化污水过程中主要有三方面的

作用：直接吸收营养物质、为根系好氧微生物输送氧气、增强和维持填料的水力传输能力。

10. 人工湿地可以分为哪几类？

人工湿地系统的分类多种多样，不同种类的人工湿地对特征污染物的去除效果也不同，具有各自的优缺点。人工湿地可以分为表面流人工湿地和潜流人工湿地，而后者又包括水平潜流和垂直潜流人工湿地。

（1）表面流人工湿地。表面流人工湿地系统与地表漫流土地处理系统非常相似，但表面流人工湿地系统四周筑有一定高度的围墙，需维持一定的水层厚度并种植挺水型植物。水流在湿地表面呈推流式前进，污染物在污水流动过程中，与土壤、植物及植物根部的生物膜接触，通过物理、化学和生物作用得到净化，并在尾端流出，相关示意图如图 2-11 所示。

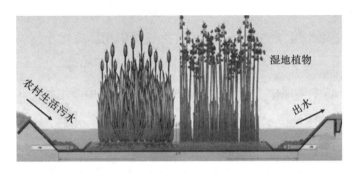

图 2-11　表面流人工湿地

（2）水平潜流人工湿地。水平潜流人工湿地系统对悬浮物、BOD、COD 及重金属等污染物去除效果比较好，同时植物根系更有利于氧的传输，基本上没有恶臭现象。与表面流人工湿地相比，水平潜流人工湿地的水力负荷和污染负荷更大，具有更强的污染物去除能力，相关示意图如图 2-12 所示。

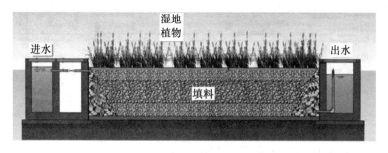

图 2-12　水平潜流人工湿地

（3）垂直潜流人工湿地。相较水平潜流人工湿地，垂直潜流人工湿地系统的硝化能力更强，单位面积处理效率更高，占用土地资源更少，能够依靠植物、大气层与湿地表层介质氧气扩散、不同介质层之间及介质与介质之间的氧气对流进行布氧，在冬季更容易正常运行。但是它建设与投资费用高，管理困难，且有机物的去除能力较弱，相关示意图如图 2-13 所示。

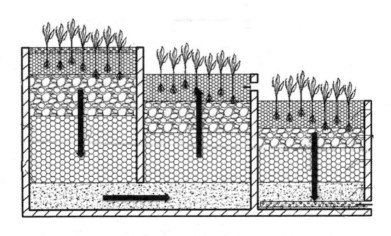

图 2-13　垂直潜流人工湿地

11. 人工湿地具有哪些特点?

如上所述，人工湿地系统根据类型可分为表面流人工湿地系统、水平潜流人工湿地系统和垂直潜流人工湿地系统，不同系统具有不同的特点。具体特点可参见表 2-1。

表 2-1　不同类型的人工湿地系统特点

指标	表面流人工湿地系统	水平潜流人工湿地系统	垂直潜流人工湿地系统
设计工序	简单	较为简单	较为复杂
投资费用	少	较少	一般

续表

指标	表面流人工湿地系统	水平潜流人工湿地系统	垂直潜流人工湿地系统
维护费用	较少	较多	较多
操作难易	简单	较为简单	较为复杂
水力负荷	小	较大	较大
处理效果	一般	较好	好
占地面积	较大	较大	较小
卫生条件	一般	较好	较差

表面流人工湿地系统建造过程简单，投资费用少，操作简便，运行费用低，更接近天然型湿地。但是水力负荷较小，每天可以处理的污水量有限，占地面积比较大，容易受气候影响，在夏季容易滋生蚊虫且产生难闻气味，而冬季寒冷时表层又容易因低温而结冰，使湿地运行中断或大大减弱污水处理效果。

水平潜流人工湿地系统与表面流人工湿地系统相比，污染负荷与水力负荷较大，具有较好的耐冲击能力，对 SS、COD 及 BOD_5 等污染物具有较好的处理效果。此外，由于水平潜流人工湿地水流在地表以下流动，因此，其具有较好的保温性能，能有效解决寒冷地区冬季结冰的问题。其次，污水在净化处理时，卫生条件更好，几乎不会产生难闻气味以及蚊蝇滋生等现象。同时，更小的占地面积使得水平潜流人工湿地系统具有更高的污水处理效率，缺点是其投资建造费用更大，而且后期维护以及运行管理的费用也比较高。

与水平潜流人工湿地系统相比，垂直潜流人工湿地系统大大增加了污水与空气的接触面积，更有利于氧的传输，使水中溶解氧浓度更高，提高了污水的净化处理效果；该系统硝化能力更强，对于氨氮含量比较高的污水处理效果更好；占地面积是所有人工湿地系统中最小的，因而单位面积处理污水的效率最高，但建造要求相对来说更高，操作控制更为复杂，运行程序较为繁琐，整体系统落干、淹水时间比较长，在夏季容易造成卫生问题。

12. 生态浮床如何实现污水的净化？

生态浮床是在传统人工湿地的基础上开发出来的一种新型水体修复技术，又被称为人工浮床或生态浮岛等。通常将水生植物种植于水面上的固定器中，通过植物、基质和微生物的作用去除污染物质从而达到水体净化的效果。具体净化机理如下：

（1）物理作用及化学沉淀。浮床植物的根系在水体中形成了许多层天然的过滤网，水体流过时大量胶状物质被根系所吸附，同时可使水体中的 Ca^{2+}、Mg^{2+} 等离子与磷酸盐进行反应形成沉淀，进而通过化学沉淀作用实现污染物的净化。

（2）植物吸收。植物在生长过程中需要消耗大量的营养物质，而污水中包含的营养元素，如氮、磷等则可以满足植物生长的需要，待植物成熟之后可进行收割，再利用其自然生长的特性实现对污水中污染物的持续降解。

（3）微生物降解。浮床植物发达的根系为微生物提供了充足的附着位点和栖息场所。微生物附着在植物根系表面，从内到外依次形成厌氧区和好氧区，满足不同微生物生命活动的条件要求，有利于好氧条件下硝化反应及磷的吸收和厌氧条件下反硝化反应及磷的释放。

（4）藻类抑制作用。水体中的营养物质浓度过高会导致水体富营养化，藻类数量激增，而生态浮床的引入除了处理污水外还能有效抑制水中藻类的繁殖。首先，浮床植物与藻类竞争阳光、氧气、二氧化碳及营养物质，从而抑制藻类的生长；其次，浮床植物根系中会释放出一些抑制藻类生长的物质。例如，植物根部分泌的单宁酸会对铜绿微囊藻的繁殖产生抑制；植物分解产生的木质素会被氧化成抑制藻类生长的酚类物质；在紫外线照射下产生的过氧化氢也会进一步提升对藻类的抑制效果。

13. 生态浮床有哪些类型?

生态浮床按与水体的相对位置及实际的应用形式可分为 5 种，各类型生态浮床特点如下所示：

1）湿式生态浮床和干式生态浮床

（1）植物和水体接触的为湿式生态浮床，如图 2-14 所示。

其中湿式浮床又可以分为有框和无框两类。有框架的湿式浮床，其框架材料通常为纤维、强化塑料、不锈钢加发泡聚苯乙烯、特殊发泡聚苯乙烯加特殊合成树脂以及盐化乙烯合成树脂等。湿式浮床植物与水直接接触，更利于植物根系吸收水体中各种营养成分，降低水体富营养化程度。据统计，目前在净化水体方面运用的大多是有框式浮床。

图 2-14　湿式生态浮床

（2）植物和水体不接触的为干式生态浮床，如图 2-15 所示。干式浮床的植物因为与水不直接接触，可以栽种大型木本园林植物，构成鸟类的栖息地，同时也形成了一道靓丽的水上风景线。由于生态浮床的净化主体植物与水不接触，所以对水体没有净化作用，因此一般作为景观布置或是防风屏障使用。

2）传统的生态浮床、复合式生态浮床和湿地式生态浮床

（1）传统的生态浮床。生态浮床技术是一种以植物为主要

图 2-15　干式生态浮床

修复原动力的污染水体修复技术，通过发挥水生植物同化作用和根系微生物氧化分解作用来去除水体中的污染物，未添加任何外界条件。图 2-16 所示为传统的生态浮床，此类浮床的特点

图 2-16　传统的生态浮床

是技术操作简便、管理方便，但受外界环境的影响较大，处理效果较差。

（2）复合式生态浮床。为进一步提高生态浮床的净化效果，越来越多的人将生物膜处理和传统生态浮床技术相结合，开发复合生态浮床技术。该类生态浮床可利用生物膜的氧化分解作用、微生物的生化作用和植物的同化作用来去除污染物，一般采用塑料泡沫浮板或竹排作为载体，在其表面悬挂水生植物，将合成的人工填料悬挂在泡沫板的下面，来扩大微生物的吸附面积，提高生态浮床系统内微生物浓度，进而强化水质净化过程，图 2-17 所示是目前广泛采用的复合式生态浮床。

图 2-17　复合式生态浮床

（3）湿地式生态浮床。这类浮床弥补了复合式生态浮床植物根系和人工填料相对独立的缺陷，以浮体下面的填料作为植物的生长基质，在提高植物存活率的同时增加基质表面微生物的活性及浓度，发挥了水生植物和人工合成填料的交互作用，进而提高了生态浮床的净化效果，常见的湿地式生态浮床结构如图 2-18 所示。作为可对受污染水体进行原位修复的工程化技术，湿地式生态浮床更适用于不同农村地区的污水处理。

图 2-18　湿地式生态浮床

14. 生态浮床的组成结构包括哪些部分?

生态浮床一般由浮床框体、浮床床体、浮床基质和浮床植物四个部分组成。

（1）浮床框体。框体是浮床的外围结构，决定浮床的形状。浮床框体要求坚固、耐用且具备一定的抗风浪能力。目前一般用聚氯乙烯管、不锈钢管、木材和毛竹等材料作为框架。相较于聚氯乙烯管和不锈钢管，木材和毛竹作为框架更加贴近自然，且价格低廉，但常年浸没在水中，容易腐烂，耐久性相对较差，工程建设过程中应根据实际情况灵活选择。目前广泛采用的浮床框体材料如图 2-19 所示。

图 2-19　浮床框体

（2）浮床床体。浮床床体是植物栽种的支撑物，同时是整个浮床浮力的主要提供者。目前使用的床体材料主要有塑料和聚苯乙烯泡沫板两类（如图 2-20 所示），这些材料具有成本低廉、浮力强大、性能稳定的特点，而且来源充裕、不污染水质、材料本身无毒疏水，方便设计和施工，重复利用率也相对较高。

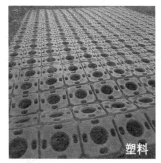

图 2-20　浮床床体材料

图 2-21　浮床基质材料

（3）浮床基质。浮床基质用于固定植物植株，同时要提供植物根系生长所需的水分及氧气条件。基质材料必须具有弹性足、固定力强、吸附水分、养分充足、不易腐烂、不污染水体以及能重复利用等特点，而且必须具有较好的蓄肥、保肥和供肥能力，来保证植物的直立与正常生长，图 2-21 所示是常见的浮床基质材料。

（4）浮床植物。植物是浮床净化水体的主体，通常需要满足以下要求：适宜当地气候和水质条件、具有较高的成活率、优先选择本地种；根系发达、根茎繁殖能力强；植物生长快、生物量大；植株优美，具有一定的观赏性；具有一定的经济价值。在实际工程应用中要根据现场气候、水质条件等影响因素对植物进行筛选。图 2-22 所示是常见的生态浮床植物。

图 2-22　浮床植物

15. 生态浮床技术应用于生活污水处理的过程中存在哪些问题?

近年来生态浮床技术以其独特的优点备受重视,目前已经广泛应用于农村生活污水处理,是现阶段国内外水环境治理的有效手段之一。然而,在实际推广应用中该技术仍存在一些问题。

(1)难以实行标准化推广。不同的生活污水,其组成成分及含量不相同,其他的物理条件和因素也都各不相同,需要根据特定的组成成分和环境因素制定相匹配的浮床结构和移栽植物,才能发挥较好的处理效果。

(2)不能实现自动化、机械化运行。因为生态浮床漂浮在水面上,所以定期的维护和清理工作都需要在水面完成。在进行大面积的水处理时,人工很难及时操作以保证其良好的运行状态。

(3)施工及处理周期长。多数的生态浮岛都是采用现场制作及现场种植的模式,因此施工周期较长。受限于植物生长周期,生态浮床对污水的净化过程较为漫长,通常要在数十小时或数天后才能达到显著的效果。另外,生态浮岛上的植物大多数不能过冬,导致在冬季天气较冷的北方地区需要在第二年春天重新种植植物。

（4）处理效果受处理污水水质的影响。由于浮床植物要在受污染的水体环境中生长，当被处理的废水水质较差，甚至超过植物耐受性时，会对植物产生毒害并降低微生物的活性，致使浮床植物和水体中的微生物受到严重的抑制，从而减弱了净化效果。

（5）浮床植物后期处理问题。首先，在生态浮床运行过程中，植物不断吸收被污染水体中的盐离子和有机物，当植物体内的营养离子达到饱和时，难以继续吸收水体中的各种元素，导致污水净化过程减慢。其次，若被修复水体中含有重金属或其他有害物质，植物吸收后会在植物体内和表层大量富集，此时若处理不当，还会对周围的环境造成二次污染。

16. 土壤渗滤系统对农村生活污水中污染物的去除机理是什么？

土壤渗滤系统是一种人工强化的污水生态工程处理技术，从纵向切面来看，该系统共分为三层：配水层（上部）、处理层和出水层（底部）。农村生活污水通过自流进入配水层，经土壤毛细作用进入渗滤系统处理层，完成污水的处理后由出水层排出，图 2-23 所示是一个简易的土壤渗滤系统。

土壤对污水的净化作用是一个复杂的过程，净化机理包括物理、化学和生物等多重作用，即土壤的过滤、截留、渗透、

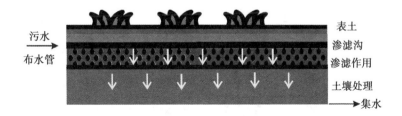

图 2-23　土壤渗滤系统

物理和化学吸附、中和、挥发以及微生物生化作用等过程。

1）物化作用

土壤胶体与腐殖质表面具有负电性吸附位点，可以以不同能级水平的吸引力吸附不同价态的阳离子（如图 2-24 所示）。这种吸附是一个动态的可逆过程，会根据周边环境中离子浓度的变化不断进行离子交换。稳定状况下，被吸附的离子与游离态离子数量保持动态平衡，但废水中离子进入土壤后，这种动态平衡将被破坏，一些吸附能力较弱的离子将被取代，发生离子转移现象，以此去除部分污染物。

2）生化作用

（1）土壤微生物的生物降解、转化及固定作用

土壤为细菌、真菌及原生动物等生物提供了适宜的生活环境，它们不断地进行各种代谢活动，维持土壤环境内以及土壤与其他环境介质之间的物质循环。在土壤环境中，微生物不仅

59

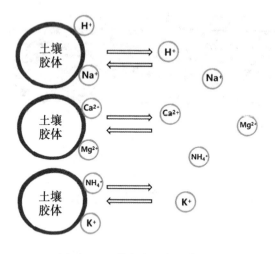

图 2-24   土壤的离子交换作用

可以通过异养过程降解污染物，还可以分泌胞外酶等物质进入周边环境，这些胞外酶可以作为催化剂诱导生化反应的发生，降低废水中污染物浓度。

（2）植物的吸收、转化、降解与合成

在植物生长季节，土壤中植物根系活动非常活跃。植物通过根系吸收土壤及废水中的水分和氮、磷等营养元素，合成植物体生长所需物质，而一些非植物生长必需物质则可以随植物体蒸腾拉力被植物吸收并积累。这一过程可以去除废水中大量的营养性污染物和部分有机物。

17. 土壤渗滤系统有哪些运行方式?

土壤渗滤系统的运行方式是影响污水处理效果的重要因素,良好的复氧环境是有机物降解和硝化反应顺利进行的前提条件。然而,当地下渗滤系统长时间运行时,系统内部容易出现供氧不足的情况,不仅不利于污染物的去除,而且还会导致系统堵塞。为了避免系统堵塞、改善系统的氧化还原环境,采用干湿交替运行、曝气及分流布水的方式是土壤渗滤系统中常用且有效的方法。

(1)干湿交替运行。干湿交替运行是指采用两套及两套以上的系统交替使用,或根据进水时间分布特点间歇进水,使得系统在暂停使用阶段氧气浓度能够逐渐自然恢复的运行方式。虽然交替运行可以使基质内部的氧化还原环境逐渐恢复,但当水力负荷过大时,系统依旧会发生堵塞。

(2)曝气。间歇曝气是一种更有利土地渗滤系统稳定运行的增氧手段。合适的曝气量会使系统中上层的好氧环境明显改善,下层的缺氧条件保持不变,更有利于污染物的去除。在非曝气系统中,硝化细菌数量随有机负荷的增加而减少,而间歇曝气运行下的系统则相反。间歇曝气能有效地增加好氧微生物的数量,提高系统的水力负荷承受能力。在高有机负荷的情况下,曝气几乎是防止系统发生堵塞的唯一选择。

（3）分流布水。当上层氧气浓度得到保证时，大部分有机物在系统的表层就会被去除，反硝化过程则会由于碳源不足而被限制，导致脱氮效率较低。为解决该问题，分流布水的运行方式是土壤渗滤系统中常用的方法。分流布水是以原生活污水中的有机物质作为碳源，用布水管直接将污水通入系统中下层，以提高整体脱氮效率。一般来说，分流管安装在反硝化作用主要发生的区域。脱氮效率受分流比影响较大，分流比较低意味着碳源不能满足反硝化需求，而分流比过高则会导致分流污水停留时间过短，其他污染物的去除率反而下降，通常推荐的分流比为1∶1或2∶1。

18. 土壤渗滤系统具有哪些特点？

土壤渗滤系统能充分发挥生态工程学技术，普遍适用于各类农村地区的生活污水处理，其主要特点有以下四点：

（1）净化效率高。在去除有机物的同时，具有去除氮、磷的效果，能有效解决传统生物处理工艺不能进行深度脱氮除磷的问题。

（2）能耗低。整个系统无须曝气，没有污泥产生，体现了生态工程学技术的节能优势。

（3）运行简单。整个工程运行期间不需要复杂的日常管理，运行成本小，基建投资低。

（4）美化周围环境且耐冲击负荷。土壤渗滤处理工艺一般采用地下结构，装置上部可以进行生态草坪绿化，便于美化环境，不会产生恶臭及蚊虫滋生带来的污染，受温度变化影响小，且有较强的抗冲击负荷能力。

19. 土壤渗滤系统会对环境产生哪些影响?

土壤渗滤系统对周边环境的影响是一个值得关注的问题。近些年土壤渗滤系统对周边环境的影响主要集中在污水渗出、温室气体排放和硝态氮渗滤等方面。

（1）污水渗出。当土壤渗滤系统进水水量较大、污水在土壤中停留时间较短时会导致污水直接渗入地下，污染地下水。除此之外，也有可能因污水中污染物浓度过大、水量过多而导致系统运行崩塌，对周围环境带来污染。

（2）温室气体排放。土壤渗滤系统对废水的净化过程中会产生 NH_3、N_2、N_2O、CO_2、CH_4 和 SO_2 等气体，部分气体会导致温室效应，给环境带来不利影响。此外，工艺类型、植物种类及种植方式、土壤性质、环境温度和外源氮素的输入都是土壤渗滤系统释放温室气体的影响因子。

（3）硝态氮渗滤。土壤渗滤系统中另一个对环境造成危害的隐患是硝态氮对地下水的污染。硝态氮渗滤是由于系统缺少反硝化反应所需的碳源而造成大量硝态氮聚集，最终流入地下水。硝酸盐含有毒有害成分，过量摄入可能会导致人体缺氧、呼吸急促，甚至可能引发胃癌等消化系统疾病。

20. 净化槽的构造和工作原理是什么？

净化槽通常采用缺氧-好氧（A/O）污水处理工艺，即缺氧好氧生物接触氧化法。该工艺采用生物接触氧化和沉淀相结合的方法，是一种成熟的生物处理工艺。净化槽由污水调节池、厌氧滤床池、接触曝气池、沉淀池和消毒池等构成，其构造如图2-25所示。

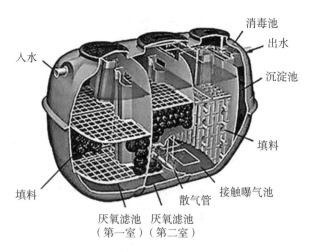

图 2-25　净化槽构造图

（1）污水调节池。用于调节水量并使污水能均匀地进入后续处理单元，调节池内设置预曝气系统，可提高整个系统的抗冲击性，减少污水在厌氧状态下的恶臭味，同时可减小后续处理单元的设计规模。此外，污水调节池内设置水泵，用来将污水提升送至后续处理单元。

（2）厌氧滤床池。在缺氧池内设置弹性填料，用于拦截污水中的细小悬浮物，并去除一部分有机物。经回流后的硝化液在缺氧池中进行反硝化脱氮，提高了污水中氮素的去除率。污水经缺氧处理后进入接触曝气池，进行下一步处理。

（3）接触曝气池。原污水中大部分有机物在此得到降解和净化，好氧菌以填料为载体，利用污水中的有机物为食料，将有机物分解成小分子颗粒，从而达到净化目的。为满足好氧菌的生存条件，通常采用风机鼓风的方式进行供氧，池内采用新型半软性生物填料，该类填料具有比表面积大、使用寿命长、易挂膜和耐腐蚀等特点。池底通常采用微孔曝气器来提高溶解氧的转移效率，同时具有重量轻、不易老化和堵塞、使用寿命长等优点。

（4）沉淀池。污水经过生物接触氧化池处理后自流进入沉淀池，以进一步将脱落的生物膜和部分有机及无机颗粒进行沉淀去除。沉淀池通常为竖流式，当含有悬浮物的污水从下往上在沉淀池中流动时，可依据重力作用将悬浮物质沉淀，以此保证出水的清澈。经过沉淀后的处理水进入后续处理单元。

（5）消毒池。污水经沉淀后，病毒及大肠杆菌指标仍未达到排放标准，为了满足排放要求，通常需要在消毒池内投加氯片消毒剂来进行消毒处理，处理完成后可直接排放至附近集水管道。

21. 净化槽有哪些类型？

常见的标准构造型净化槽按处理规模可以分为小型净化槽、中型净化槽和大型净化槽三种。

（1）小型净化槽。指家用净化槽以及50人规模以下(污水处理规模为10t/d)的小规模污水处理一体化设备，材质多为玻璃钢等工业塑料。如图2-26所示。

图2-26　小型净化槽

（2）中型净化槽。指 51~500 人规模以下（污水处理规模为 100t/d）的中规模污水处理设施，材质多为玻璃钢或钢筋混凝土。

（3）大型净化槽。指 501 人规模以上的大规模污水处理设施，多为钢筋混凝土材质，一般需要在现场进行施工安装。

除标准构造型净化槽外，还可以根据实际地区的污水处理需求自主设计性能认定型净化槽。相较于标准构造型净化槽，这类净化槽的自动化程度更高，并且采用了生物滤床、膜反应器等新型生物反应器，实现了净化槽小型化、功能多样化和处理深度化的目的。

22. 净化槽的主要特点有哪些？

净化槽主要具有以下特点：

（1）安装投资小，费用低。净化槽基本上是在工厂中批量生产的，其价格维持在家庭用户可以接受的水平，不需要繁杂的土地征收手续和昂贵的土地征用费。

（2）安装不受地形的限制。安装净化槽只需要占用一辆小轿车大小的土地，同时连接净化槽的排水管道也很短，对安装地的地形要求也不高。安装一台净化槽一般只需要一周左右的时间，而且一旦净化槽开始运行，可立即发挥污水处理的功能。

（3）具有比较强的抗震和抗灾性能。由于净化槽处理工艺及排水系统简单，所以在遭受地震或其他灾害时，短时间内修复后可再次发挥作用。净化槽槽体坚固，一般为玻璃钢/碳钢材质，在保持机械强度的同时具有较长的使用寿命。

（4）运行维护简单。可使用自动化操作，即便设备出现故障也无须开挖，只需抽干池内的污水即可对设备故障进行排除并开展维修工作。

（5）污泥产量小。可大大减少污泥的产量，降低污泥处理的费用，节省因污泥处理带来的占地和能耗。

23. 净化槽常见的处理工艺有哪些？

不同类型的净化槽选用的污水处理工艺不同，各种类型的净化槽处理工艺如下所示：

（1）小型净化槽。小型净化槽有三种处理工艺：沉淀分离接触曝气工艺、厌氧滤床接触曝气工艺和脱氮滤床接触曝气工艺。厌氧滤床接触曝气工艺是小型净化槽采用最多的一种工艺。污水通过管道流入厌氧滤床池，这里兼备有机物分解和厌氧微生物厌氧消化反应削减污泥产量的功能。在接触曝气池中，鼓风机将空气注入水中，在好氧微生物的帮助下降解有机物，同步实现氨氮的氧化。经过曝气处理后的水流入沉淀池，将悬浮物沉入池底，上层澄清出水则流入消毒池，经过氯片消毒后排放。

（2）中大型净化槽。中大型净化槽可分为两种类型：生物膜法类和活性污泥法类。采用生物膜法的共有三种处理工艺，即接触曝气工艺、旋转接触板工艺和滴水滤床工艺；采用活性污泥法处理工艺的又包含两种，即标准活性污泥法工艺和高强度活性污泥法工艺。

（3）性能认定型净化槽。采用生物膜法的性能认定型净化槽的工艺流程如图 2-27 所示。

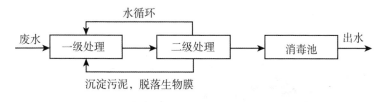

图 2-27　性能认定型净化槽工艺流程图

这个流程图虽然与标准构造型的厌氧滤床接触曝气工艺的流程图完全一样，但性能认定型净化槽在结构和性能方面与标准构造型具有不同的特点：①性能认定型净化槽大多有流量调节功能；②采用了最新开发的生物反应器；③水泵和鼓风机多为自动控制运行；④部分性能认定型净化槽具有将处理水中 BOD 及 TN 浓度控制在 10mg/L 以下的深度处理能力。

24. 生物膜在生物滴滤技术中发挥的作用是什么?

　　生物滴滤池是一种利用生物膜法处理污水的工艺。当污水通过生物滴滤池时，池中的滤料能截留污水中的悬浮物质，促进微生物繁殖。随后，微生物又进一步吸收污水中的溶解性营养物逐渐增长，并于滤料表面形成生物膜(如图 2-28 所示)。在膜的表面和一定深度的内部生长繁殖着大量的各类微生物，形成了有机污染物—细菌—原生动物(后生动物)的食物链。

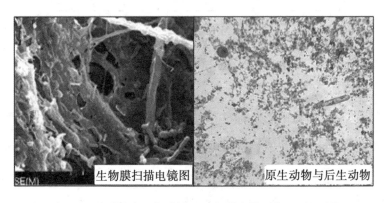

图 2-28　滴滤池中生物膜的 SEM 扫描电镜图像和原生动物

及后生动物显微镜观察图

　　附着在滤料表面的生物膜不仅具有一定的吸附作用，还可以通过一系列生化反应使污水得以净化。在滴滤池运行过程中，由于污水在其表面不断更新，生物膜外层会存在一层附着水层，生物膜与水层之间进行着多种物质的传递过程。当污水流经滤料表面时，其中的污染物质会从流动着的污水中转移到生物膜外层的附着水中去，进而进入生物膜内，同时空气中的氧也通过液相介质进入生物膜。膜内的微生物在氧的参与下将有机物氧化分解成无机物，产生的无机物及 CO_2 沿反方向从生物膜进入空气或随流动水排出，从而实现污水在其流动过程中逐步得到净化的目的。

25. 生物滴滤池通常由哪几个部分构成？

作为农村生活污水分散式处理设施，生物滴滤池一般包含滤床、构筑物、布水（或注水）系统、集水系统以及通风系统五个主要部分，相关示意图如图 2-29 所示。

（1）滤床。滤床是生物滴滤池中最核心的部分，由滴滤池中所填装的不同滤料构成，主要作用是为微生物提供附着场所，直接影响污水的净化效果。目前，滴滤池中的滤料主要材质为卵石、碎石、石英砂和活性炭等。

（2）构筑物。构筑物是指滴滤池中用于固定滤料、容纳污水的部分。其主要作用是保证污水在流动过程中，能均匀地分布在滤料床层上，使所有滤料能得到充分润湿。

（3）布水（或注水）系统。布水系统用于控制布水频率，主

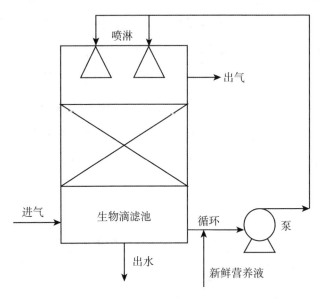

图 2-29 生物滴滤池典型结构示意图

要作用是尽可能地让污水均匀地散落在填料表面，使污水与填料上的生物膜及外界的空气充分接触，确保生物滴滤池对污水的处理效果满足设计要求。一般情况下，布水设备主要有固定式布水器与旋转式布水器两种。

(4) 集水系统。集水系统有两个作用，一是收集处理后的污水便于进一步处理或排放；二是使空气能通过开放的滤料床层，保证滴滤池内部的空隙有较充足的空气，为好氧微生物的生化反应提供所需要的氧气，以此提升污水处理效率。

(5)通风系统。通风系统用于提供微生物代谢所需要的氧气,主要是利用滴滤池内外空气的密度差,使滴滤池内部气体完成上升、下降的循环,从而产生连续的气流,确保滴滤池内微生物生化反应所需的氧气供给均匀,一般通过自然通风或机械通风的方法来实现。

26. 生物滴滤池的类型有哪些?

生物滴滤池可依照滴滤速度分为低速、中速、高速及超高速四种类型。一般来说,生物滴滤池的处理效率随着滤速的增加而下降。以碎石为填料的四种滴滤池的具体特征见表2-2。

表 2-2　四种生物滴滤池的特征

滴滤池类型	低速滴滤池	中速滴滤池	高速滴滤池	超高速滴滤池
填料类型	碎石	碎石	碎石	碎石
水力负荷 ($m^3/(m^2 \cdot d)$)	1~4	2~10	10~40	40~200
有机负荷 ($kg/m^3 \cdot d)$)	0.07~0.22	0.24~0.48	0.4~2.4	>1.5
循环比	0	0~1	1~2	0~2
飞蝇	多	中等	少	很少
生物膜脱落	间歇	间歇	连续	连续

续表

滴滤池类型	低速滴滤池	中速滴滤池	高速滴滤池	超高速滴滤池
滤层深度(m)	1.8~2.4	1.8~2.4	1.8~2.4	0.9~6
BOD 去除率(%)	80~90	50~80	50~90	40~70
硝化作用	良好	一般		负荷较低时有硝化
能耗(W/m³)	2~4	2~8	6~10	6~10

27. 生物滴滤池具有哪些特点?

生物滴滤池能有效完成废水中有机物的降解和氨氮的氧化。由于其操作管理方便,处理效果好,因此特别适用于经济较落后、人口少、分布分散的农村地区生活污水处理。

生物滴滤池的主要优点有:①抗冲击负荷能力强,可持续性好;②可采用自然通风,能耗低、经济运行成本小;③生物滴滤池污泥产量小,运行维护简便。主要缺点有:①处理污水的负荷低,通常需要与其他污水处理工艺连用;②夏季时气味难闻,且存在蚊蝇虫的滋生问题,影响周围环境卫生,同时也会造成疾病的传播;③运行过程中,经常会出现堵塞问题,需定期对滴滤池进行反冲洗。

28. 影响普通生物滴滤池性能的主要因素有哪些?

生物滴滤池中污染物的降解过程复杂,同时发生着氧气扩散、有机物在污水和生物膜中的传质、生物膜内有机物好氧和厌氧代谢及生物膜的生长和脱落等过程,这些过程的发生和发展决定了生物滴滤池净化污水的性能。影响这些过程的主要因素如下:

(1)滤池高度。滤池高度会影响滤床中的生物膜量、微生物种类和去除有机物的速率。滤床上层的污水中有机物浓度较高,微生物繁殖速率快,种属较低级(以细菌为主),生物膜量较多,有机物去除速率较高。随着滤床深度的增加,微生物从低级趋向高级,种类逐渐增多,生物膜量逐渐减少。

(2)负荷率。生物滴滤池的负荷率是一个集中反映该工艺运行性能的参数,直接影响着滴滤池的处理效率。在低负荷(不超过 $4m^3/(m^2 \cdot d)$)的条件下,随着滤率的提高,污水中有机物的传质速率加快,生物膜量增多,但此时滤床更容易发生堵塞现象。而在高负荷($8m^3/(m^2 \cdot d)$以上)的条件下,滤率的提高使污水在滤池中的停留时间缩短,难以发挥最佳的污水处理能力。

(3)供氧。滤床的自然通风能力和外界风速是影响供氧的主要因素。生物滴滤池中的氧气主要来自大气,并依靠自然通风供给。一般而言，自然通风可以提供生物降解所需的氧量，但当污水中的有机物浓度较高时，供氧条件可能成为影响生物滴滤池工作效率的主要因素。

（4）pH 值。生物滴滤池污水处理技术具有较强的耐冲击负荷能力，但如果 pH 值变化幅度过大，则会影响微生物对营养物质的吸收及代谢过程中酶的活性，从而影响滴滤池的污水处理效率，导致出水水质变差。一般来讲，大多数微生物更适合在中性或弱碱性（pH=6.5~8.5）的环境下繁育。

（5）污染物浓度及种类。在生物滴滤池处理污水过程中，滴滤池出水中的污染物浓度将随进水浓度的改变而改变，且较高的污染物浓度及更复杂的污染物种类均会影响滴滤池的污水处理性能。

29. 哪些农村生活污水分散式处理设施包含启动阶段？该如何进行？

人工湿地、土壤渗滤系统、生物滴滤池和生态沟渠都需要经历启动阶段，在这一阶段采用的挂膜方式主要分三种：自然挂膜法、活性污泥挂膜法和优势菌种挂膜法。三种挂膜方式的主要流程如下：

（1）自然挂膜法。用泵将带有自然菌种的污水慢速通入污水处理设施内，慢速连续进水，流量从小到大，最终达到设计流量。每个流量梯度应运行 3~7d，不断循环。此时，微生物会附着在填料表面上，通过生长繁殖形成生物膜，当进水流量或水力表面负荷、BOD_5负荷达到设计值时，污水处理设施自上而下形成正常的微生物相。当污水处理设施出水的理化指标接近排放标准时，即完成生物膜的培养工作。

(2)活性污泥挂膜法。取处理污水的活性污泥作为菌种，用泵将污水和活性污泥混合液慢速打入污水处理设施内，循环周期为 3~7d。慢速连续进水，流量从小到大，每个流量梯度应运行 3~7d，最终达到设计流量。当进水流量或水力表面负荷、BOD_5负荷达到设计值时，污水处理设施自上而下形成正常的微生物相。当污水处理设施出水的理化指标接近排放标准时，即完成生物膜的培养工作。

(3)优势菌种挂膜法。优势菌种是从自然环境或废水处理中筛选和分离而获得的、对某种废水有强降解能力的菌株。也可以通过遗传育种和基因工程构建优良/超级菌种。具体挂膜过程如下：用废水和优势菌充分混合，用泵慢速将菌液打进污水处理设施内，循环周期为 3~7d。慢速连续进水，流量从小到大，最终达到设计流量。每个流量梯度应运行 3~7d。微生物附着在填料表面生长繁殖，形成生物膜；当进水流量或水力表面负荷、BOD 负荷达到设计值时，处理设施自上而下形成正常的微生物相。当污水处理设施出水的理化指标接近排放标准时，即完成生物膜的培养工作，进入正式运行阶段。

30. 为什么要进行工艺组合？常见的组合工艺有哪些？

目前，分散式处理被认为是适合农村生活污水的处理方式，以上工艺都可推荐为分散式处理工艺中的关键单元技术，然而这些技术单独处理农村生活污水会存在各种问题。在实际工程应用中，采用单一工艺的处理技术往往都有一定的局限性，容易引起水质出水波动大、难以满足排放标准的问题。因此，将工艺合理组合能够满足不同地区的不同需求，实现农村生活污水的高效净化。但需要注意的是，农村生活污水分散式处理技术必须遵循"低投资、低能耗、简便、高效"的原则，采用合适的组合工艺完成污水处理。

常见的组合工艺包括但不限于"化粪池-土壤渗滤系统""生物滴滤池-生态沟渠""净化槽-生态浮床系统""土壤渗滤-人工湿地系统""生态塘-人工湿地"以及"厌氧-生物滴滤塔-人工湿地"等组合工艺。

31. "化粪池-土壤渗滤系统"的工作原理是什么？

"化粪池-土壤渗滤系统"是一类运行稳定，管理维护简单，建设成本低并附有一定景观和经济效益的污水分散式处理工艺。

污水通过化粪池的沉淀作用去除大部分悬浮物，经微生物的厌氧发酵作用降解部分有机物，而池底沉积的污泥可用作有机肥。污水流经化粪池后，可有效防止管道堵塞并有效降低土壤渗滤系统的有机污染负荷。经过化粪池预处理后的污水，可直接流入周边农户的菜园或透水性较强的地表。污水在土壤渗滤作用下向周围运动，通过植物吸收、土壤过滤及微生物降解得到净化，进而达到出水要求。同时，这一过程可为床层表面作物提供充足的营养成分，提高了资源的综合利用率，并具有一定的景观效益。该工艺容积负荷高、占地面积小，且操作简单、净化效果明显，适用于污水产生量少、地下水位较低的地区。

32. 为什么要构筑"生态沟渠-稳定塘"组合工艺?

"生态沟渠-稳定塘"组合工艺是将现有排水沟渠改造为生态沟渠，作为前处理工艺，将鱼塘改造为稳定塘，将两种工艺联用形成的具有拦截、吸收转化污染物功能的污水处理系统。具有建造灵活、不需要动力条件和运行成本低廉等特点，特别适合用于小流域山区农村的污水处理，具有一定推广价值和应用前景。

生态沟渠作为前处理工艺，通过水面快速流动及采取跌水复氧措施来提高水中的溶解氧含量，可防止污水因厌氧发酵进一步变黑、发臭。同时，其内部众多的草本植物可发挥过滤拦截作用来降低废水中的 SS 含量, 为后续稳定塘处理提供一个良好的进水环境, 进而提高组合工艺的整体效果。稳定塘技术则能通过在塘中种植水生植物、放养鱼类, 形成人工生态系统。通过系统内多条食物链之间物质迁移、转化和能量的逐级传递, 将讲入塘中的有机物和营养物去除。在生态沟渠过滤、截留和稳定塘植物、微生物吸收利用的多重作用下, "生态沟渠-稳定塘"组合工艺对污水中的污染物有较高的去除效率, 且在投资费用和运行维护费用上优势突出。

33. "净化槽-生态浮床系统"处理农村分散式生活污水的优势是什么?

"净化槽-生态浮床系统"具有不易堵塞、操作简单、占地少、造价低和出水水质好等优点, 适合农村分散式生活污水的处理。该系统处理农村分散式生活污水的工艺流程如图 2-30 所示。通过管网收集到的生活污水首先进入村口公共厕所的化粪池进行预处理, 起到一个调节水质和拦截固体垃圾的作用。由于厌氧发酵效果不明显, 故将化粪池出水排入复合型生物净化槽, 来去除大部分的有机物质和部分氮、磷等营养元素, 再通过重力作用流入强化生态浮床中, 以便进一步地脱氮除磷, 最终处理完成后的出水可直接流入河流。

"净化槽-生态浮床系统"对农村生活污水中的有机物、氮和

图 2-30 净化槽-生态浮床系统工艺流程图

磷具有良好的去除效果。两种工艺对污染物处理的贡献率不同：对于有机物的去除效果，净化槽的贡献率较高，此时生态浮床起到了一个强化处理的作用；而对氮、磷的去除效果，生态浮床的贡献率较高，净化槽主要发挥预处理的作用，降低了后续工艺的氮、磷负荷。即净化槽可以有效地对有机物进行生化降解，生态浮床则进一步去除了氮、磷等营养元素。

34. 什么是"人工土壤渗滤-湿地系统"及其应如何构建？

"人工土壤渗滤-湿地系统"是在土地处理技术基础上吸收了现代污水处理技术的先进经验，针对土地处理技术的占地多、污染负荷低、易发生黏闭及堵塞的缺点进行改进，并且运用生态学中生态构建的手段，形成的更适合现代农村地区的新型分散式污水处理系统。

"人工土壤渗滤-湿地系统"主要是利用土壤-微生物-植物构成陆地生态系统，充分利用其自我调控机制和对污染物的综合净化能力处理生活污水，以此构建可实现废水资源化与无害化的常年性生态系统。"人工土壤渗滤-湿地系统"包括人工土壤渗滤系统和人工湿地处理系统两个部分。

（1）人工土壤渗滤系统。该系统主要包含滤砂和特殊填料组成的人工土壤，模拟并强化土壤对污染物的过滤、吸附及微生物降解等多种作用，使废水中的污染物得到分解去除，从而达到水质净化的目的。此阶段的反应主体通过人工建造的方式构筑，主要采用人工土壤回填和简便易行的自然复氧方式，以此提高系统的耐冲击负荷能力，减少占地面积。

（2）人工湿地处理系统。该系统包含土壤、微生物及植物，好比一个"活的过滤器"，其本身就是可再生的资源，具有高效、安全、可调控的特征。湿地处理系统净化污水主要依靠微生物生化反应及植物吸收转化作用。系统中的土壤和植物根区环境是一个由大量的细菌、真菌、原生动物以及蚯蚓等构成的相互依存又相互制约的生态系统，能稳定去除污水中的有机质、氮和磷等营养元素，实现废水的高效净化。

35. "稳定塘-人工湿地生态处理工艺"如何实现农村生活污水的净化？

"稳定塘-人工湿地生态处理工艺"通常将经强化技术改造后的高效复合兼性塘与人工湿地技术相结合，通过在塘和人工湿地中布设载体填料，铺设人工仿生水草，来成倍地增加生物菌群的种类及生物量。生物菌群由细菌、真菌、藻类、原生动物和后生动物等组成，通过鱼、螺、虾、鸭、鹅和水禽等生物，形成多条食物链，并由此构成食物网，维持系统中生态结构的稳定。

污水进入"稳定塘-人工湿地生态处理工艺"后，有机污染物作为生态系统的营养物质，进入食物链，在食物链中逐级传递、迁移和转换，完成去除。而固体污物沉积于塘底，在缺氧和厌氧环境中，进行水解、酸化和甲烷发酵而转化为液态及气态产物，或从系统中逸出，或作为营养物质参与植物光合作用和在食物链中迁移转化而实现资源化。常见的"稳定塘-人工湿地生态处理工艺"污水处理流程如图2-31所示。

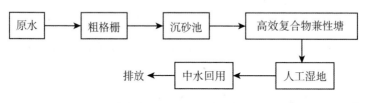

图2-31　稳定塘-人工湿地生态处理工艺流程图

"稳定塘-人工湿地生态处理工艺"的优点是高效复合兼性塘作为人工湿地的预处理单元，在该单元的前部设置污泥发酵坑，有利于去除难以降解的有机污染物。中间工段采用复合曝气，加设载体填料，利于形成微生物种类丰富的生物膜，能有效地将好氧生物无法降解的 COD 部分降解为可生化的有机物，并去除一定量的氮和磷。除此之外，还能有效地控制丝状菌的繁殖，抑制污泥膨胀，大幅度减少污泥量。同时可利用太阳能，实现水和营养物质在生物圈中的循环，节省能源，在建立具有生态环境修复功能的处理系统时还能利用当地湿地资源建立生态景观。

该系统的缺点主要是高效复合兼性塘的占地面积非常大，且整套系统调试周期也较长，所以实际应用中需要考虑项目实施单位的具体情况，合理选择工艺，以实现废水处理的目的。

36. "生物滴滤池-人工湿地"组合工艺对农村分散式生活污水处理效果如何？

"生物滴滤池-人工湿地"组合工艺（如图 2-32 所示）是一类将生物处理和生态工程相结合的低能耗污水处理工艺，具有处理效果好、成本低等优点。生物滴滤池对污水中污染物的去除主要依靠其填料上生长的生物膜，膜中的微生物在自然通风条件下通过代谢活动实现污水的净化。但由于滴滤池内难以形成好氧缺氧的交替环境，故对氮磷的去除效率较低，因此需耦合人工湿地进行下一步处理，来实现污水的达标排放。

人工湿地上层土壤种植植物，空气中的氧被植物运输到根部，经过植物根部的扩散在周围微环境中形成好氧、兼氧和缺氧区，满足不同微生物的需求，以此促进氮、磷的去除。这样，一方面滴滤池的出水降低了人工湿地的进水负荷，可以有效防止湿地的堵塞并延长其使用年限，另一方面滴滤池的出水进入人工湿地，进一步去除有机物、氮和磷等污染物，完成对生活污水的处理。

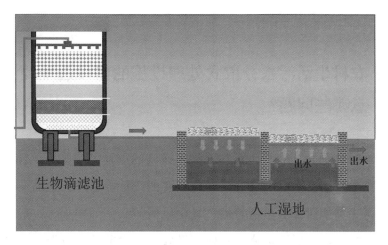

图 2-32 生物滴滤池-人工湿地组合工艺示意图

第三章

农村生活污水分散式处理设施的设计与施工

1. 农村生活污水分散式处理设施的建设选址要注意哪些问题?

　　总体而言,农村生活污水处理设施的选址需遵循科学合理的基本原则,除应满足处理设施必要的设计要求外,也需要综合考虑当地居民的生活习惯、文化风俗等一系列要素。一般而言,在农村生活污水分散式处理设施建设之前要充分调研,最好是邀请了解当地风土人情的干部陪同,由技术人员和本地干部共同拟定建造地址。在选址过程中需要特别注意以下几个问题:

　　(1)满足规划需求。农村生活污水分散式处理设施建设应该符合农村村庄建设规划、土地利用规划和生态规划等。对于处理设施建设工程中可能会产生的噪声、臭气等问题,应采用科学合理的技术手段,尽量减少对于居民日常生活的影响,避免发生因选址不当而引起的扰民事件。同时改造现有资源应统筹考虑，避免将居民生活用水来源的河、沟、塘、池改造成用于污水处理的氧化塘、生态沟、稳定塘等，优先保障居民日常生活需求。

（2）选址需要考虑当地自然条件。在地势高低分明的区域，为了降低运维成本，可将污水管道顺着村路自上而下布置，依赖重力的作用使污水顺着收集管道自流至处理设施处，以此来节省使用污水提升泵输送污水至污水处理设施的能源消耗。同时，设施建设选址也应考虑处理后污水排放出路的问题，遵循就近处理、资源回收的原则，已处理的出水可排放至周边沟渠、河流或农田。

（3）选址需要满足污水处理技术要求。部分污水处理设施如人工湿地占地面积较大，重新规划土地难以实现，因此可将现有绿化用地进行改造，避免造成土地资源的浪费。另外，也可将部分农村地区的景观水塘、废弃河道改造成用于污水处理的氧化塘。

2. 农村生活污水分散式处理设施应当遵循哪些设计原则？

为推进农村人居环境改善，规范农村生活污水治理的设计、施工及运行管理，农村生活污水分散式处理设施应当遵循以下

设计原则:

(1)实现合理规划、高效组织及有效监管。农村生活污水分散式处理设施宜以县级行政区域为单元,实行统一规划、统一建设和统一管理。

(2)充分考虑当地生活习惯、经济条件,因地制宜选择处理模式、技术工艺和运行管理方式。污水处理构筑物应按照村庄规模、处理场地条件、住户分布密度和区位的特点,对不同污水处理构筑物的建设费与维护管理费进行综合的经济比较和分析,研选出最合适的农村生活污水分散式处理设施。

(3)农村生活污水分散式处理应优先考虑当地现有自然条件。处理生活污水宜利用村庄的自然条件,经过周边沟渠、水塘、土地进一步处理后可直接排入受纳水体,并应符合相关标准。

(4)在不断总结科学研究和实践经验的基础上,结合当地条件,积极慎重地采用稳妥可靠的工艺、材料和设备。

(5)农村生活污水分散式处理设施建设应符合国家现行有关标准的规定。

(6)应建立有效的监管和考核制度,保障农村生活污水分散式处理设施的长期正常运行。

3. 如何确定农村生活污水分散式处理设施进水水质？

由于污水水质与农村居民的生活水平、生活和生产习惯密切相关，并且存在明显的区域差异，很难找到一种定量的生活污水水质估算方法。而污水水质状况，直接影响到污水处理工艺的选择、工艺设计参数的确定及处理设施的运行管理等核心内容，是决定工程成败的关键因素。相对于城市污水处理经验来说，农村污水处理起步晚，经验不足，对于农村生活污水处理工程的进水水质一般采用实际测量和经验估算两种方法确定。

（1）实际测量法。可以通过连续几年实际检测污水水质来确定项目进水水质。但是该方法费时费力，受工程设计任务、客观条件等因素的制约，只能选择部分污水进行检测，且污水水质分析的结果可能不具有代表性。

（2）经验估算法。目前根据已有的农村地区污水相关数据的统计，一般农村地区生活污水水质评估可以参照 GB/T 51347—2019《农村生活污水处理工程技术标准》中规定的污水水质参考值，如表 3-1 所示。

表 3-1   污水水质参考值

	pH	COD （mg/L）	BOD$_5$ （mg/L）	NH$_4^+$-N （mg/L）	TN （mg/L）	TP （mg/L）	SS （mg/L）
参考值	6.5~8.5	150~400	100~200	20~40	20~50	2.0~7.0	100~200

4. 如何估算农村生活污水排水量？

我国幅员辽阔，东西、南北差异大，人文地理、经济发展、自然条件各不相同，一般来说，南方地区人均用水量要高于北方，东部要高于西部，发达地区较经济欠发达地区用水量大。此外，当地地表水丰富程度，也对用水量有很大影响。这些因素导致我国不同农村地区生活污水排水量存在较大差异。目前，水量估算主要有以下几种方法：

（1）定额估算法。不同地区的农村居民用水量有着明显的差异，当缺乏实地调查数据时，一般水量估算可以参照 GB/T 51347—2019《农村生活污水处理工程技术标准》中规定的农村居民日用水量参考值和排放系数，具体内容如表 3-2 所示。

表 3-2   不同村庄类型的用水量估算

村庄类型	用水量（L/（人·d））
有水冲厕所，有淋浴设施	100~180

续表

村庄类型	用水量(L/(人·d))
有水冲厕所，无淋浴设施	60~120
无水冲厕所，有淋浴设施	50~80
无水冲厕所，无淋浴设施	40~60
排放系数取用水量的40%~80%	

（2）实地调查法。通过实地调查，农村生活污水排放量应根据当地人口规模、用水现状、生活习惯、经济条件、地区规划等确定农民的生活水量总量和产生污水总量。用这一办法估算出的用水量和污水排放量比较准确，缺点是耗时耗力，样本数据需求量大。

（3）类比估算法。调查周边是否存在与拟建污水处理工程地区社会经济、生活条件和生活习惯相似的村镇，若村镇有着类似的污水处理工程，可以根据类比进水量和服务人口的关系，推算出新建污水处理设施的拟处理污水量。

5. 排水体制的种类有哪些？在应用过程中应该如何选择？

排水体制是指收集、输送污水和雨水的方式。一般而言是指特定区域内的生活污水和雨水通过一个或多个管渠进行收集和排出的系统方式。通常情况下，农村地区污水排水量总体较小，排水体制主要分为两种，即分流制和合流制。

(1)分流制。指生活污水和雨水分别在两个或者多个独立的管渠系统排出，整个排水体制可分为生活污水排水和雨水排水两个系统。分流制又分为完全分流制和不完全分流制，区别在于是否包含雨水排水系统。不完全分流制只包含生活污水排水系统，雨水一般沿着地表或者沟渠排放。与合流制相比，其污水处理系统进水量较小，所需工艺较为简单。然而，分流制排水系统施工更为复杂，投资预算大，在经济较为落后的农村地区，只有极少数新居在规划时建设有完善的雨污分流体系并配套了相应的污水处理设施。

(2)合流制。合流制排水体制指将生活污水和雨水混合后经同一管渠排出的系统，其本质为雨污混流系统。合流制主要包括直排式、截留式和全处理式三种系统。直流式系统指污水和雨水混合后不经过任何处理直接排放，截留式系统指大部分生活污水经处理后再排放，全处理式系统指将全部生活污水处理后再排放。相较于分流制排水系统，雨污混合只需要一套系统，使得该系统的建筑工程量较小，施工简单且投资少，因此在我国农村地区普遍采取这种模式。然而合流制排水系统更容易滋生蚊蝇和产生臭气，受天气变化影响大，排水量随降雨量显著增大，污水水质波动较大，使得污水处理设施出水难以达到预期效果。

农村生活污水处理工程应考虑实际情况，综合考虑雨污合流和分流制的特点，在经济、实用的原则上满足排水基础设施的设计要求。对于新建设的居民区，建议铺设完整的雨污分流管网。对经济较差的区域，可以利用原有系统(如明沟或暗渠)作为雨水排出系统，再针对生活污水设计收集管网，在进行集中处理后统一排放。

6. 农村生活污水分散式处理设施施工中遇到不良地基的解决方法有哪些?

污水处理设施的建设对于土地硬度有一定的要求，而实际工程中经常会遇到质地较为松软的地基，如淤泥、淤泥和填充土混合以及杂填土等，以上土壤均属于不良地基的范畴。这类土壤的特点是含水量和孔隙率高、抗切硬度较低、可压缩性较强且可渗透性强。该类土地必须经过合理处置才能作为污水处理设施构筑物地基。目前，常用于处理不良地基的主要方法有碾压及夯实、换土垫层、打桩加固、振冲加固和注浆加固等。具体施工方法如下：

(1)碾压及夯实。碾压指利用压力机或推土机等工程压实机械来将原本松散的土质压实紧密；夯实则是利用起重机将夯锤提升起，随后自然下落，反复敲击地面，以此实现地基加固的技术。

（2）换土垫层。首先使用挖掘机挖除一定深度的原有土地，再根据工程设施建设要求填埋砾石、沙砾及灰土等材料，以此完成土地的处置。

（3）打桩加固。首先在需改造的土层中打入桩孔，随后灌上沙砾，以减小土地的孔隙率，达到增加其机械强度的目的。

（4）振冲加固。其技术原理是在砂土中采用加水和振动的方式使地基密实，主要分为振冲置换法和振冲密实法两大类。针对黏性土、粉土等不良地基多采用地基振冲置换法处理，其原理为在地基土中制造一群以石块、砂砾等材料组成的桩体，这些桩体与原地基土一起构成复合地基。而振冲密实法是指在振冲器反复水平振动和冲水的作用下，使土层中的砂颗粒重新排列，减小土层中的空隙率，最终提高砂层的承载力和抗液化能力。

（5）注浆加固。在待处置土层中将人工搅拌配置的水泥或黏土浆液，采用压力灌入、高压喷射或深层搅拌的方式使其与土层颗粒胶结起来，以此增加地基土强度。

在实际工程应用中，改善地基的手段应综合考虑地质条件和污水处置设施建设需求，同时也要灵活合理选择施工器具，尽可能减少对周边居民及环境的影响。也可采用多种手段相结合的方式，在使地基满足工程施工需求的基础上减少投资成本。

7. 农村生活污水分散式处理工程投资估算如何进行?

投资估算是指对建设资金、流动资金等一系列与项目相关的总体投入资金的综合估算。投资估算涉及内容较多,总体依据项目的建设规模、实施技术和设备方案、工程开展方案及项目进度计划来进行预算。对于建设范围大、周期长的项目可以年为单位开展工程投资估算。

因建设规模小、涉及建设内容少,农村地区的生活污水工程建设项目投资估算相对简单,总体由工程设计费、工程建筑费(以土建费用为主)、设备材料购置费和工程设备安装调试费四项构成。

(1)工程设计费。主要支付给设计单位用于提供技术咨询、污水处理技术方案的编制、绘制施工图纸和其他指导性文件编制等服务。一般包括初步概算、施工图设计、设计技术交底及工程竣工验收等工作的费用。在设计之前,需要支付编制可行性研究报告、设计任务书、厂址选择和规划以及进行环境评价等工作所需的费用。

(2)工程建筑费。主要用于污水处理工程主体建(构)筑物的施工建设,具体包括建筑原材料、人工成本、机械工具使用及建设组织管理活动所产生的费用。

(3)设备材料购置费。指购置农村污水处理工程项目所必需的设备而产生的费用。其中电器类材料包括水泵类、曝气设备、电缆及各类电控设备。非电器类材料包括格栅、布水设备、工艺所需填料等。除此之外,购买项目所需的各类管材及防腐材料等花费也属于设备材料购置费。

(4)工程设备安装调试费。该类费用包括人工安装费、安装完成后设备及工艺调试费和在此过程中技术管理组织活动产生的费用。

8. 造成农村生活污水分散式处理工程投资估算与实际成本不符的原因有哪些?

目前,农村生活污水分散式处理项目造价需采用投资估算法来估算,主要目的是以此手段研究该项目开展的可行性。投资估算所产生的费用占项目总体成本很少,但该方法可以预测总体成本的70%甚至80%。然而在项目建设的实际过程中,其预期成本与实际成本往往可能产生较大的偏差,其主要原因在于:

(1)污水处理工艺选择不当。没有结合当地实际情况,忽略了农村地区整体财力薄弱、村民经济承受能力偏低的现实,盲目追求见效快且自动化程度高的工艺,造成专项资金的浪费。

(2)污水管道铺设及土地征用成本核算不够精准。农村地区较城市地形更为复杂,往往靠近湖泊和山峰等自然环境,管道铺设过程中可能依据实际地形而改建，从而容易造成预算与实际投资偏差较大。

（3）忽视污水处理设施运维成本。项目初期投建时，项目单位容易只专注于土建、设备购置等初始建设成本，而轻视设施运行维护所需要的资金。事实上，运行维护成本的估算是农村生活污水分散式处理项目估算中的一个棘手问题。建设成本可以通过项目申报来争取财政拨款投入，而运维成本则通常需要乡镇基层政府自行解决，这对于经济发展缓慢的农村地区是很大的财政负担。

（4）不确定因素难以估计。农村地区的生活污水处理项目工期较长，容易受到自然环境、工艺技术及人文风情等一系列不确定性因素的影响。同时，通货膨胀速率、人工费成本、基建材料及设备价格等因素难以预计，导致估算模型与现实投产支出差距较大。

9. 农村生活污水管网的布置应遵循什么原则?

一般而言，农村生活污水管网的布置应主要遵循以下四个原则：

（1）符合工程建设规划。在布置污水管道时要充分考虑到农村建设规划，尽可能将近期工程规划和远程建设规划相结合，使管网布置与铺设在满足近期建设要求的基础上，同时可以灵活配合远期规划。

（2）发挥地形优势。管网线路的规划要充分利用地形，尽量沿着道路自上而下铺设，使污水依靠自身重力作用由高处流向低处，避免因安装污水提升泵增加投资预算。为了保证水体的顺利流动，管网的铺设往往采取设置坡度的手段，主要是增加管道末端在地里的深度。若地势较为复杂，起伏程度较大，也可考虑分区(如划分高地区和低洼区)建设管网系统。对于构筑难度较大的区域，可以考虑独立成网而不采用中间提升的方式集中收集，实在无法单独处理的区域需考虑构筑提升泵站，统一收集再由管道运输。

（3）尽可能降低施工难度。管网的布置需考虑地质条件，同时应该减少与河道、山谷、铁路及各种地下构筑物交叉。主管道的铺设可以通过沿道路布置和沿原有排水沟渠敷设，来减少施工造价和降低施工难度。

图 3-1　管道布置施工现场

(4)减少工程作业量。减少工程作业量是降低工程投资的有效途径，一般来说，管线的布置应遵行简洁顺直的原则，合理布置大直径管道长度，平坦路段上应尽量避免使用流量小而长度长的管道，从而避免为满足重力自流而增加管道埋深的施工坡度。管道布置施工现场如图 3-1 所示。

10. 农村生活污水管道材质类型及特点是什么?

管道是串联农村污水处理设施的必要材料，管道的选择主要从材料的性质和适用范围来考虑，错误的选型不仅会使其使用寿命大大缩短，还可能导致处理设施后期运维困难。目前，农村生活污水处理工程的管道(如图 3-2 所示)主要有以下几种类型:

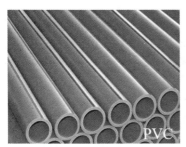 

图 3-2 农村生活污水处理工程常用管材

1）塑料管

相较于金属管，塑料管的优势主要体现在价格低廉、化学稳定性和便于施工安装等方面。实际工程应用中常见的几类塑料管材质如下：

（1）UPVC 管，即硬质聚氯乙烯管材。材料主要添加了适量填充料、稳定剂、改性剂及润滑剂的合成树脂，最后经过机械模具挤压成管状。这类管材属于热塑性塑料制品，其化学性质稳定，耐酸、耐碱、耐腐蚀，抗老化能力强，适用温度范围广（0~60℃），最长使用寿命可达 50 年。

（2）硬聚氯乙烯双壁波纹管。由硬聚氯乙烯在高温高压条件下经模具挤压制成，其主要特点是外壁呈环形波纹状结构，内部致密光滑，内外壁之间中空。相较于传统 UPVC 管，这类管材具有优异的环刚度和良好的强度与韧性，且重量更轻，耐冲击性更强，常适用于室外排污。

（3）HDPE 管，即高密度聚乙烯管。其特点为抗压能力较强，可承载较大水流量，施工通常采用电熔焊接的方式，适用地区较广。

2）金属管

金属管造价高，同时对防腐措施要求更高，安装工程量大。目前，农村地区只有在输送对管道抗压要求较高的污水时采用金属管。常用的金属管材如下：

（1）球墨铸铁管。材质由含铁和石墨的铸铁熔炼而成，由于石墨材质的存在，铸铁的铸造性、耐腐蚀性、抗拉性、延伸性、弯曲性和耐冲击性更好，因此可用于农村生活污水的收集和输送。

（2）钢管。常见的钢管材质主要有无缝钢管、普通钢管、合金钢管和不锈钢管四种。钢管的显著优势是具有更高的机械强度，可以同时承受较高的内、外部压力。但缺点也明显，不宜埋在地底作排水管，容易被腐蚀。在实际工程中，钢管在使用时必须经过外层防腐或电化学保护，这大大增加了投资建设成本。

11. 常用于农村生活污水处理的水泵有哪几种类型？

农村生活污水处理系统中常见的水泵（如图 3-3 所示）主要有螺杆泵、离心泵、隔膜泵和潜水泵四种类型。其简要工作原理如下：

（1）螺杆泵。螺杆泵中具有由定子和转子形成的密封腔，其工作原理为污水在密封腔内随着转子的旋转沿轴被推送至出口。螺杆泵一般用于输送密度较大的液体，实际工程中，螺杆泵的选型主要依据泵流量、泵扬程、泵转速、泵功率、口径和温度等技术参数。

（2）离心泵。离心泵主要依靠离心力作用，电动机带动泵中

图 3-3　农村生活污水处理系统常用水泵

的叶轮，泵体内的液体随之转动，液体由于离心力被甩向泵壳，而旋转的叶轮中心产生的负压将液体不断吸入，以实现污水的连续输送。

（3）隔膜泵。隔膜泵以柔性隔膜替代活塞，在驱动装置作用下进行往复运动，以此实现水泵将液体吸入排出的功能，完成液体的输送。隔膜泵的显著优点是能实现被输送液体与驱动装置之间的隔离，方便输送带有腐蚀性的液体。

（4）潜水泵。通常情况下潜水泵的泵体与电动机构成一个整体，由电动机带动泵的叶轮旋转，通过叶轮作用将液体提升。因此，潜水泵在污水处理工艺中主要发挥污水提升的作用。

为保证污水处理工程正常运行，水泵的选择发挥着关键作用。选型主要考虑以下两个因素：一是被提升物的特性，尤其是水中悬浮固体的含量；二是资金预算和运行成本，依据提升物流量及所需提升到的高度来确定泵的功率和扬程等技术参数。

12. 电磁流量计的安装及使用过程应注意什么问题?

电磁流量计(如图 3-4 所示)是利用电磁感应原理制成的流量测量仪表，主要由变送器和转换器两部分组成。其工作原理是：先将被测介质的流量经变送器变换成感应电势，随后再经转换器把感应电势信号转换成标准电流信号，最后将电流信号输出到显示器显示瞬时流量。其优点在于不需要在管道内部埋入部件，受被测介质的温度、压力和黏度变化影响较小，与农村地区管道配套容易。在农村污水处理工艺中，电磁流量计的使用应该注意以下几个问题：

(1)被测介质的含固率应低于 10%。

(2)做好变送器外壳、线圈等电磁流量计非接触介质部分的防腐措施。

(3)避免因测量管道内存在气泡，电磁转换受扰导致测量仪表失效。

(4)电磁流量计的进、出管道口应设旁通管道和阀门，以保证检修电磁流量计时运行不间断。

(5)运行时提前了解介质的腐蚀性和磨损性，合理选择电磁流量计。

(6)检查电磁流量计的技术资料是否齐全，应含有说明书、调试记录、运行记录、零部件更换及维修记录。

（7）定期进行维护和校验。主要观察是否存在泄漏、损坏和腐蚀等现象。

图 3-4　污水处理系统中常见的电磁流量计

13. 鼓风曝气设备的主要作用是什么？主要由哪几个部分组成？

鼓风曝气设备的主要作用是将空气中的氧气输送至污水处理单元内，为好氧微生物的生化反应提供充足的氧气，以保证污水处理设施对污染物的去除效率。除此之外，通氧的过程还能使污水混合液搅拌充分，促进污水处理单元内有机物、功能微生物及氧气的均匀混合，满足污水处理单元对污染物去除的需求。

鼓风机主要有离心鼓风机、罗茨鼓风机和螺杆鼓风机三类，其中离心鼓风机(如图 3-5 所示)较为常见。离心鼓风机主要由鼓风电机、空气净化器、空气输配管系统和浸没于混合液中的扩散器四部分组成。

（a）外部构造

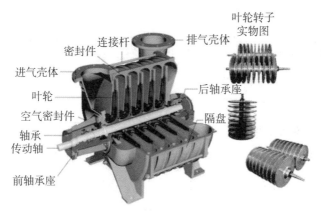

（b）内部构造

图 3-5　离心鼓风机外部及内部构造

（1）鼓风电机。主要作用为高速转动的转子带动叶片，随后带动空气高速运动，依靠离心力的作用使空气沿着渐开线流向风机出口，为曝气设备提供所需风压。

（2）空气净化器。将进气中的悬浮颗粒物进行拦截过滤，以防止扩散器堵塞，从而改善整个曝气系统的运行状态。

（3）空气输送管道。空气输送管道是风机出口至曝气器的通道，主要作用是输送和配气。

（4）扩散器。作为整个鼓风曝气系统的关键部件，扩散器常见的类型有微气泡型扩散器、小气泡型扩散器、中气泡型扩散器和大气泡型扩散器。主要作用是将压缩后的空气尽可能分散成微小的气泡，从而增加鼓入空气与反应池内混合液的接触面积，强化传质过程，实现空气中的氧快速溶解到污水中的目的。

14. 什么是水力停留时间？如何计算各反应单元的水力停留时间？

水力停留时间（Hydraulic Retention Time，简称 HRT），指的是待处理污水在污水处理反应器内的平均停留时间，也就是污水在生物反应器内与微生物作用的平均时间。HRT 是污水处理设施设计中的一个重要参数，直接或间接影响污水处理效果，是污水处理设施正常运行的基础。HRT 的改变一般通过调节反应器进水流量来实现，进入反应器的污染物量随进水量变化而变化，即 HRT 变化将带来反应器有机负荷的变化。此外，改变

HRT 引起的反应器进水量变化也将直接影响反应器内混合液水力条件的变化。

HRT 定义为反应器容量和进水流量的比值，如果反应器的有效容积为 $V(\text{m}^3)$，单位时间内污水的流量为 $Q(\text{m}^3/\text{h})$，则可以用以下公式进行计算：

$$\text{HRT}(\text{h}) = \frac{V}{Q}$$

15. 化粪池的工艺参数包含哪些？

化粪池处理工艺比较简单，粪便污水进入化粪池后，污水中的粪便与悬浮颗粒经过足够的水力停留时间沉降到化粪池底部，上层污水通过排污口排出池外，而底部固体颗粒进行厌氧发酵。因此，化粪池实际上是集沉淀和发酵于一体的构筑物。化粪池设计参数主要包含三个：池容、停留时间与污泥清掏时间。

（1）化粪池的池容计算：

$$V_t = V_{污水} + V_{污泥} = \frac{Nqt_s}{24} \times 1000 + \frac{a_1\alpha N\, T_w(1-b)}{1-c} \times 1000$$

式中，V_t —— 化粪池容积，m^3；

N —— 使用人数，人；

α —— 使用百分数；

q —— 化粪池进水流量，$\text{L}/(\text{人}\cdot\text{d})$；

t_s —— 污水停留时间，h；

T_w —— 污泥清掏时间，h；

a_1 —— 污泥发酵后体积缩减系数；

b —— 化粪池进口新鲜污泥含水率；

c —— 发酵浓缩后污泥含水率。

因污水处理构筑物的排水流量随季节变化(夏季大、冬季小)，因此按最大日排水量来确定化粪池池容来满足全年的要求，但在设计过程中考虑的掏粪期(此时停留时间最短)不一定是最大排水日。根据相关设计经验，化粪池的最大排水日多在夏季，较高的水温有利于悬浮颗粒的沉降，可忽略污泥气对沉淀的影响。因此，化粪池进水流量 q 可按平均日排水量进行设计。

(2)停留时间。随着环保的要求越来越高，考虑到大部分污水处理构筑物排水是以 24h 为一个变化周期，因此污水停留时间取 24h 是比较合理的。如果构筑物排水集中在某一段时间，其余时间几乎不排水或排水量很小，则污水停留时间也可以选取集中的这段时间，但也不应小于 12h，否则影响沉淀或会冲起化粪池底部的悬浮颗粒，严重影响出水效果。具体来说，对于分散性大的农户，污水停留时间可以采用 12h，而对于接待人数多的农家乐，24h 为一个变化周期更为合适。

(3)污泥清掏时间。污泥清掏时间与化粪池内污泥需要消化的时间相关，当污泥清掏时间小于消化时间时，化粪池中污泥发酵还没有达到需要的时间，粪便处理效果差；当污泥清掏时间略大于消化时间时，新进污泥还没有完全腐熟。因此污泥清掏时间需要远长于消化时间，此时粪便处理效果较好，一般不应小于 90 天。

16. 化粪池的设计需要注意哪些问题？

要保证化粪池的良好运行，化粪池在设计过程中需要注意以下几个问题：

(1) 合理确定化粪池容积。化粪池容积根据粪便储存时间的长短等决定。第一格和第二格的池容积要满足对应服务人数的粪便存储，一般需要满足停留时间大于 30 天，其中第一格稍大些，停留时间占 18 天。当不做这种考虑时，设计时间可按第三格化粪池的停留时间来进行设计。一般来说，第三格容积由用肥量或水处理设施排水水质情况决定，一般为 10~20 天。

(2) 选好布局。化粪池可设置在蹲位下面，也可设置在粪屋外，根据情况因地制宜。具体来说，蹲位多且需两行排列的厕所，化粪池一般设置在屋内，但要将清渣口设在屋外，以便清渣和防止盖板不严臭气泄漏而污染厕所内的空气。蹲位单行排列的厕所，宜将化粪池建在屋外以方便检修和排渣。

(3) 满足施工质量验收规范。要符合《建筑给水排水及采暖工程施工质量验收规范》中第 10.3.2 条的规定：排水检查井、化粪池的底板及进、出水管的标高，必须符合设计要求，其允许偏差为±15mm。若与设计偏差过大会影响化粪池的使用功能。

（4）防堵塞。一般设计中，化粪池第一格的设计水面到进粪管口底的高度约10cm，这个高度在以前是合理的，因为卫生用品主要为草纸材质，在自然环境中容易腐烂。而随着化纤制品的大量使用，现在化粪池在设计过程中，需要考虑化学制品，特别是塑料制品进入化粪池内后，粪渣会很快升到进粪管道口，易出现管道堵塞的现象。因此，化粪池第一格的进出口高度需要加大到15cm或18cm，来避免进粪管道口被堵塞的情况发生。

（5）防止臭气泄漏。混凝土检查井盖板的提环一般是能上下活动的钢筋提环，很难保证提环根部的密封性，容易发生臭气泄漏的现象，并且提环一部分伸在井池内，受池内沼气及高湿度环境的影响，会加快提环的锈蚀。因此，为避免检查井和雨水井臭气泄漏，可对农户的化粪池进行改装，如配备具有防臭功能的地漏，来防止臭气泄出。

17. 化粪池的建造可以参考哪些标准规范？

一般化粪池的建造执行国家标准《纤维增强热固性复合材料化粪池》（GB/T 39549—2020），该标准由 TC39（全国纤维增强塑料标准化技术委员会）归管，主管部门为中国建筑材料联合会。该标准规定了纤维增强热固性复合材料化粪池（俗称玻璃钢化粪池）的分类、标记、检验方法、检验规则、运输、储存、出厂证明文件及安装注意事项等。同时发布的《下水道及化粪池气体监测技术要求》(GB/T 28888—2012)规定了下水道及化粪池气体监测种类、监测系统结构和要求、监测终端试验方法及监测终端检验规则等。

特殊规定的地方性化粪池标准较少,可参考邢台地区发布的《一体式双瓮漏斗化粪池卫生厕所施工及验收规范》(DB 1305/T 31—2021)。此外,可参考的行业标准有住房和城乡建设部推荐的两套行业标准:《玻璃钢化粪池技术要求》(CJ/T 409—2012)和《塑料化粪池》(CJ/T 489—2016)。

18. 污水稳定塘的设计规范有哪些?

关于稳定塘的设计标准较少,主要以地方行业标准为主,可以参照标准《污水稳定塘设计规范》(CJJ/T 54—2017)。该标准对塘系统的工艺设计参数、进出水系统和防渗结构进行了规定,适用于处理城镇生活污水及与城镇生活污水水质相近废水的污水稳定塘设计。

稳定塘系统接纳污水水质应符合现行的国家标准《污水综合排放标准》(GB 8978—1996)中三级标准的规定。稳定塘进水中的有毒、有害物质浓度,必须符合现行的国家标准《污水综合排放标准》中的规定。污水稳定塘系统出水水质,应符合现行的国家标准《污水综合排放标准》(GB 8978—1996)的规定。此外,预处理设施应包括格栅、沉砂池和沉淀池等，其设计应符合现行的国家标准《室外排水设计标准》（GB 50014—2021）的规定。

19. 稳定塘系统设计的主要技术参数有哪些?

稳定塘系统设计的主要技术参数包括 BOD_5 表面负荷、水力停留时间（HRT）、有效水深、温度、容积及塘深等，下面介绍不同类型稳定塘的一些典型技术参数。

（1）好氧塘。好氧塘设计的典型技术参数如表3-2所示。

表3-2　好氧塘的典型技术参数

设计参数	高负荷好氧塘	普通好氧塘	深度处理好氧塘
BOD_5 负荷（kg/(hm²·d)）	80~160	40~120	<5
水力停留时间（d）	4~6	10~40	5~20
有效水深（m）	0.3~0.45	0.5~1.5	0.5~1.5
pH	6.5~10.5	6.5~10.5	6.5~10.5
温度（℃）	0~30	0~30	0~30
BOD_5 去除率（%）	80~95	80~95	60~80
藻类浓度（mg/L）	100~260	40~100	5~10
出水SS（mg/L）	150~300	80~140	10~30

（2）厌氧塘。厌氧塘设计的技术参数主要包括有机负荷、厌

氧塘的容积、水力停留时间和表面积。有机负荷的表示方法有 BOD_5 表面负荷（单位：$kgBOD_5/(hm^2 \cdot d)$）、BOD_5 容积负荷（单位：$kg\ BOD_5/(m^3 \cdot d)$）和 VSS 容积负荷（单位：$kg\ VSS/(m^3 \cdot d)$），我国主要依据 BOD_5 表面负荷来设计厌氧塘。对于农村生活污水处理的典型技术参数各地区差异性较大，在设计时应注意因地制宜，设计的负荷应通过试验确定。

表 3-3　厌氧塘的典型技术参数

最低 BOD_5 表面负荷 $(kgBOD_5/(hm^2 \cdot d))$		塘深 (m)	水力停留时间(d)		BOD_5 去除率(%)
我国南方地区	我国北方地区		城市污水	高浓度有机废水	
300~400	800	3~5	2~6	20~50	20~70

（3）兼性塘。兼性塘设计的主要技术参数有 BOD_5 表面负荷、表面积、容积、塘深和水力停留时间等。一般 BOD_5 表面负荷按 $0.0002 \sim 0.0100 kg/(m^2 \cdot d)$ 考虑，随着气温的升高，可采用较大的 BOD_5 表面负荷值。水力停留时间以 7~180d 为宜，平均气温高时，水力停留时间就短，平均气温低时，水力停留时间就长；更重要的是要根据原水水质的可生化性确定水力停留时间，可生化性好就缩短水力停留时间，反之则延长水力停留时间；此外，可根据场地情况，建议尽可能延长水力停留时间，以保证

污水处理效率。其塘深通常设计为 1.2~2.5m。目前，我国尚未建立较完善的设计规范，表 3-4 是建议的主要设计参数。

表 3-4 兼性塘的典型技术参数

冬季平均气温 （℃）	BOD_5 表面负荷 （$kgBOD_5/(hm^2 \cdot d)$）	水力停留时间 （d）
>15	70~100	≥7
10~15	50~70	7~20
0~10	30~50	20~40
-10~0	20~30	40~120
-20~-10	10~20	120~150
<-20	<10	150~180

20. 稳定塘的设计要求与注意事项有哪些？

不同类型的稳定塘有各自的适用情况和工作环境，人们在研究稳定塘系统的设计参数和运行经验时，总结了稳定塘的一般设计要求与注意事项，可以为工程设计提供数据参考。具体如下：

（1）长宽比。稳定塘一般为矩形，便于施工和工艺串联组合，也有助于风力对塘水的混合以减少死角。好氧塘的长宽比一般为 3 : 1~4 : 1，厌氧塘为 2 : 1~2.5 : 1，而兼性塘则为 3 : 1~4 : 1。塘堤的超高一般设为 0.6~1.0m，在防止水溢出的同时，减少周边径流汇集。

（2）坡度。对于塘堤的坡度，好氧塘的内坡坡度为 1 : 2~1 : 3（垂直 : 水平），外坡坡度为 1 : 2~1 : 5（垂直 : 水平）；厌氧塘底略具坡度，内坡坡度为 1 : 1~1 : 3；兼性塘堤坝的内坡坡度为 1 : 2~1 : 3（垂直 : 水平），外坡坡度为 1 : 2~1 : 5（垂直 : 水平）。

（3）个数和面积。在氧化塘组合工艺中，好氧塘的座数一般不少于 3 座，处理规模较小时不少于 2 座，一般以塘深 1/2 处的面积纳入塘面计算，每座塘的面积以不超过 40000m² 为宜。厌氧塘应不少于 2 座，单塘面积一般不大于 8000m²，处理高浓度有机废水时，厌氧塘需进行二级串联并运行。兼性塘一般是 3~5 个或多至 7 个塘串联运行，第一级塘的面积最大，约占兼性塘总面积的 30%~60%，且单塘面积以 5000m² 为宜，以避免布水不均匀或波浪较大等问题，农村生活污水成分简单，一般不需要大规模的氧化塘的组合工艺。

（4）进出口位置。进出口位置应力求减少塘中短流和死水区，使水流接近推流。出水口应尽量远离同塘的进水口，进出口周围应铺防冲石块。

（5）氧化塘组合工艺。厌氧塘一般位于稳定塘系统之首，截留污泥量较大，应至少设置两个厌氧塘，以便轮换清除塘泥。

若厌氧塘进口高出塘底 0.6m、宽度大于 10m 时，应增加污水进水量，且设计时需注意进水管径不应小于 300mm。若厌氧塘出口为淹没式，淹没深度应不小于 0.6m，并不得小于冰覆盖层或浮渣层的厚度。同时为使塘的配水和出水较均匀，进、出口的个数均应大于两个。

(6)其他设计要求。兼性塘设计时还应考虑污泥层厚度以及为容纳流量变化和风浪冲击的保护高度，在北方寒冷地区还应考虑冰盖的厚度。依据经验污泥层厚度可取 0.3m，保护高度为 0.5~1.0m，冰盖厚度为 0.2~0.6m。

21. 如何通过优化设计与施工提高稳定塘的处理效果？

通常情况下，稳定塘依靠自然生长的藻菌共存系统完成污水处理，处理能力与净化效果相对较差，为了使稳定塘工艺更加稳定高效，一般通过以下的设计和施工优化来提高稳定塘的处理效果：

1)提高有机负荷，减少占地面积

稳定塘内生物浓度低，处理负荷小，可以通过改进供氧条件(如减小塘深、机械搅拌、制造跌水坡等)、改进水力条件(如加入导流墙等)、提高微生物浓度(如加入载体等)及控制出水等途径来提高处理效率，减小气候对处理效果的影响。主要

116

应采取的措施如下：

（1）减小塘深、进行机械搅拌。高效稳定塘通过减小塘深、机械搅拌强化藻类的增殖，来产生有利于微生物生长和繁殖的环境，形成更稳定的菌藻共存系统，使有机物、氮及磷等污染物得以有效去除。

（2）跌水曝气(图 3-6)。在稳定塘系统落差地势变化较大的情况下，设置连续的跌水坡可以增强富氧效果，提高水中溶解氧含量，为污水从厌氧处理到兼性最后到好氧处理的最佳流程创造良好条件。

图 3-6　自然跌水曝气示意图

（3）布置导流墙。为了更好地形成推流式反应器，可以通过增大长宽比来改善处理效果，即采用狭长形的塘，但目前这一做法的效果还存在争议。对于导流板的作用,是改善了水体推流流态还是有助于保持水体内微生物浓度,目前仍无定论。

(4)加入载体。在稳定塘内加入人造纤维载体可促进生物膜形成,细菌、藻类、原生动物及高等动物等可在载体附近形成大量稳定的小型生态系统,以此增加生物数量,提高生物多样性,从而增强稳定塘的处理能力。

2)避免污泥淤积引起的有效池容减小

在第一级稳定塘内会出现污泥淤积的现象,其速率取决于进水中难降解固体的浓度。通常进水通过格栅和沉砂池之后,污水中难降解固体浓度较低,但由于有机物和微生物的沉淀,出现污泥淤积现象仍不可避免。通常可采用设置前置沉淀塘和加入消化坑(或超深厌氧池)来减少污泥淤积量。

(1)设置前置沉淀塘。其实质是较深的厌氧塘,进水悬浮固体在此能得到较大程度的截留,有机物在厌氧状态下被降解为可溶的小分子颗粒。作为预处理设施,可省去污泥处理及处置设施。

(2)消化坑(或超深厌氧池)。厌氧消化是去除污水中有机物的重要途径之一,如果稳定塘足够深,就可以形成悬浮污泥层。入流污水通过这一有大量厌氧微生物的污泥区会得到很好的净化,但是由于污水携带的热量容易散发,以致水温较低,消化速度较为缓慢。

22. 为避免运行过程中出现泄漏问题，化粪池与稳定塘需要采取何种防渗措施？

防渗措施是污水处理设施的重要组成部分，能有效遏制污染源在处理过程中造成的次生环境污染。防渗措施有很多种，大体上分以下三大类：合成防渗材料和措施，如塑料（或橡胶）；土和水泥混合防渗材料和措施；自然和化学处理防渗方法和措施。

对于化粪池而言，主要采用土与水泥混合防渗材料和措施。首先，池壁、池底采用不透水材料构筑，严密勾缝，内壁要用符合规范的水泥砂浆粉抹。化粪池建成后，应注入清水保证不出现渗漏才可使用；其次，可通过增设加厚底板，来防止底板混凝土因长期使用而出现底板碎裂导致渗漏的问题；再次，四周应进行混凝土灌注，所有周边缝隙用混凝土填充；最后，砖砌化粪池进出口高度需严格控制，防止堵塞造成污染物渗漏。如图 3-7 所示。

对于稳定塘来说，塘底防渗层和土壤包气带本身对污染物能起到一定的截流作用，如图 3-8 所示。但是经过长期持续的蓄水运行，塘中的 COD、氨氮、磷和非常规污染物均有可能穿透土层而对地下水产生污染威胁。若防渗处理不当，极易形成二次污染，使地下水位升高，引起土壤盐碱化并严重影响稳定塘的使用寿命。

图 3-7 加强防渗的化粪池

图 3-8 铺设防渗膜的稳定塘

总体而言，对于防渗要求较低的场所，为减少工程投资，可考虑选择石灰与原地黏性土混合夯实的防渗方案，还可以采取机械碾压的方式进一步提高防渗能力。而对于防渗要求较高的场所，应该选择红黏土机械碾压的防渗方案，如果要达到更高要求，则必须采用其他更严格的防渗措施。

23. 构建人工湿地的相关工艺参数有哪些?

一般人工湿地构造主要分为三部分：底面铺设的防渗漏隔水层、充填一定深度的基质层以及种植水生植物的生态层。其工艺参数主要可以分为以下四个部分：

（1）水力停留时间。指污水在人工湿地内的平均驻留时间。一般的湿地水力停留时间可按下式计算：

$$t = \frac{V\varepsilon}{Q}$$

式中，t——水力停留时间，d；

V——人工湿地基质的体积，m^3；

ε——孔隙率，%；

Q——人工湿地设计水量，m^3/d。

（2）表面有机负荷。指每平方米人工湿地在单位时间去除的五日生化需氧量。按下式计算：

$$q_{os} = \frac{Q \times (C_0 - C_1) \times 10^{-3}}{A}$$

式中，q_{os}——表面有机负荷，kg/($m^2 \cdot d$)；

    Q——人工湿地设计水量，m^3/d；

    C_0——人工湿地进水 BOD_5 质量浓度，mg/L；

    C_1——人工湿地出水 BOD_5 质量浓度，mg/L；

    A——人工湿地面积，m^2。

（3）表面水力负荷。指每平方米人工湿地在单位时间所能接纳的污水量。按下式计算：

$$q_{hs} = \frac{Q}{A}$$

式中，q_{hs}——表面水力负荷，$m^3/(m^2 \cdot d)$；

    Q——人工湿地设计水量，m^3/d；

    A——人工湿地面积，m^2。

（4）设计水质。不同类型的人工湿地系统进水水质应满足表 3-5 所列的相关规定。

表 3-5 人工湿地系统进水水质要求（mg/L）

人工湿地类型	BOD_5	COD_{Cr}	SS	NH_4^+-N	TP
表面流人工湿地	≤50	≤125	≤100	≤10	≤3
水平潜流人工湿地	≤80	≤200	≤60	≤25	≤5
垂直潜流人工湿地	≤80	≤200	≤80	≤25	≤5

24. 哪些填料可以用于人工湿地?

人工湿地填料主要分为天然材料、工业副产品和人造产品三大类。传统天然材料有土壤、砾石、沸石和石灰石等；工业副产品主要有灰渣、高炉渣、粉煤灰和细砖屑等；人造产品主要包括陶粒、陶瓷滤料及塑料等。每种填料性能各有差异，实际应用中应灵活配置。图3-9列举几种应用于人工湿地的常见填料。

图 3-9　应用于人工湿地的常见填料

（1）碎石。由天然岩石、卵石或矿石经机械破碎后筛分制成，通常为多棱角、表面粗糙、粒径大于 4.75mm 的碎石块。

碎石作为传统的人工湿地填料，使用最为广泛，其通透性较好，价格相对低廉，分布很广，便于就地取材。对磷的去除效果较好。

（2）沸石。构架中有一定孔径的空腔和孔道，具有吸附性能，沸石内部结构的松散程度是影响沸石吸附容量的主要因素。孔径大、结构松散且分布均匀的沸石一般具有较高的吸附量，对氨氮等阳离子有很好的去除效果，且吸附饱和后的吸附位点可以通过植物和微生物的协同作用得到再生，因此被广泛用作湿地填料。

（3）高炉渣、钢渣。这些工业废弃物含有丰富的钙、镁成分，对污水中的磷酸盐有很好的吸附性。此外，钢渣可作为一种强化反硝化基质应用于硝态氮的去除，但以钢渣作为湿地的主要基质时，出水 pH 值较高，且容易造成出水 SS 偏高，应与其他种类的基质组合后应用于湿地中，其中高炉渣是去除污水中耗氧有机污染物和总磷等指标的理想基质。

（4）煤矸石。煤矸石中存在少量的有机成分，这些成分可以为湿地中水生植物的生长以及为其中微生物群落的附着与生长提供界面，并且加快湿地系统的形成。由于煤矸石经水浸后，其浸提液呈碱性，因此非常适用于酸性矿井水的处理。

（5）陶粒。陶粒多由黏土或页岩经高温处理得到，表面粗糙，内部多孔，有较大的比表面积，有利于生物的附着生长，因此可广泛用作水处理填料。由于陶粒比表面积大，且富含钙、铁和铝等元素，能与污水中的磷酸盐形成沉淀，对 COD、总磷、氨氮均有很好的去除效果。

（6）蛭石。蛭石是一种天然存在的多孔性含水硅铝酸盐晶体矿物，原矿外形似云母。蛭石内部有很多孔穴和通道，开口的通道彼此相连，使蛭石的比表面积很大。因其具有较高的层电荷数，故具有较大的阳离子交换容量和较强的阳离子交换吸附能力，对氨氮有优异的选择吸附性。

25. 设计人工湿地有哪些标准与规范？

在国家层面，住房和城乡建设部先后颁布了技术导则和规程，原环境保护部颁布了工程技术规范，主要包括《人工湿地污水处理技术导则》（RISN-TG 006—2009），《污水自然处理工程技术规程》（CJJ/T 54—2017）以及《人工湿地污水处理工程技术规范》（HJ 2005—2010）。

各省各市也可参考本地人工湿地技术规范、规程和指南，例如北京市《农村生活污水人工湿地处理工程技术规范》（DB 11/T 1376—2016），适用于农村生活污水或具有类似性质的污水，包括餐饮业生活污水、日常生活污水以及小型污水处理厂尾水；上海市《人工湿地污水处理技术规程》（DG/TJ 08-2100—2012），适用于上海市 3 万人口以下的镇（乡）和村的新建、改建及扩建的人工湿地设计、施工验收及运行管理；江苏省《人工湿地污水处理技术规程》(DGJ 32/TJ 112—2010)及《有机填料型人工湿地生活污水处理技术规程》(DGJ 32/TJ 168—2014),适用于生活污水处理规模<2000m³/d 的农村、乡镇等小型、分散的有机填料型人工湿地设计、施工、验收及运行管理;浙江省的《浙江省生活污水人工湿地处理工程技术规程》(2015),则适用于处理规模≤1000m³/d 的生活污水人工湿地设计、施工、验收及运行管理。

26. 生态浮床的设计需依照哪些规范?

生态浮床的设计暂无国家标准可参照,因此在施工设计中主要依照地方标准和规范。如湖北省地方标准《生态浮岛(浮床)植物种植技术规程》(DB 42/T 1417—2018)中规定了生态浮岛(浮床)水生植物种植准备、种植技术及养护管理要求,适用于湖北地域湿地生态浮岛(浮床)植物的种植。

27. 生态浮床的设计要求与安装流程有哪些?

总的来说,生态浮床作为水面植物定植结构,其建造设计必须综合考虑以下几个要点:①稳定性。设计出的浮床须能抵抗一定的风浪,经得起水流的冲击。②耐久性。须选择合适的浮床材质和结构组合,保证浮床能经久耐用,不易损坏和腐烂。

③景观性。栽植的植物具有较高的观赏性，在净化水体的同时能够美化环境。④经济性。选择适合的材料，降低建造成本。⑤便利性。设计过程中还要综合考虑施工、运行、操作和管理等方面的便利性。

生态浮床的安装流程示意图如图 3-10 所示。

图 3-10　生态浮床的安装流程示意图

(1)在池塘、湖泊的岸边浅水处，安装浮床床体。床体主要采用聚苯乙烯泡沫板或模块化装置。模块化装置是单体结构，为全密闭的立方体中空结构，是耐老化的塑料板制成的床体模块，在采用模块化装置时，可用螺丝钉将塑料板固定。而聚苯乙烯泡沫板上面无孔，要开植入孔，以便放入浮床植物。

(2)床体做好后，在床体的四周制作浮床框架。浮床框架用于固定床体，利用绳索或聚氯乙烯弯头固定成四方形即可，也可以根据实际情况改变框体的形状，之后把浮床的床体固定在浮床框架上。

(3)床体和框体制作完成后，放置浮床植物。选用的浮床植物一定要有根茎，用海绵等浮床基质包裹植物部分根茎，让植物的一部分根茎露出，以利于吸收水分和水体中的氮、磷等营养物质，然后将植物塞到模块底部(或放到泡沫板植入孔中)即可完成生态浮床的安装。

(4)安装好生态浮床后，需要设计固定装置将浮床固定在水体中。生态浮床的固定设计既要保证浮床不被风浪带走，还要保证在水位剧烈变动的情况下，能够缓冲浮床和浮床之间的相互碰撞。水下固定形式要视具体情况而定，常用的有重力式、锚定式、杆定式等，如图 3-11 所示。

图 3-11　浮床固定的三种方式

28. 生态沟渠主要有哪些设计参数？

在生态沟渠设计过程中，进水流速、水位与沟渠的干湿变化是影响生态沟渠污水处理效率的重要因素。因此在设计时应考虑当地实际情况重点考察以下设计参数：

（1）进水流速。进水流速会显著影响氮、磷的去除效果。一般来说，生态沟渠的流速较慢，以减少水流对沟壁的冲刷，降低水土流失的风险性，同时亦有利于沟底植物的保育。在低流速下，沟渠内的水力停留时间延长，能有效降低氨氮的沿程浓度。同时，污水与沟渠底泥接触时间长，易于铁铝氧化物形成沉淀，促进对磷的去除。

（2）水位。不同的水位对氮、磷等营养元素的去除效果不同。一般来说，低水位可以促进植物生长，提高氮、磷去除效率。而高水位运行条件下，亚硝态氮与硝态氮的去除效率会更高。为防止高水位造成沟壁土壤的滑坡，在日常运行中建议沟渠内水位不应高于沟深的 2/3。

（3）干湿变化。干湿变化影响硝化反硝化作用，干涸再水淹可促进反硝化作用的进行，从而有利于沟渠底泥对氮的去除。同时，因降雨而呈现的干湿变化也会促进沟渠底泥对氮的去除。

29. 生态沟渠工艺设计的技术要点有哪些？

不同等级和规格的生态沟渠，生态化精细设计的技术要点均有所区别。具体可以从渠道的断面形式、衬砌方式、护坡样式和水生植物等方面来进行概括。主要技术要点如下：

（1）断面形式。目前生态沟渠断面形式多采用矩形和梯形断面，同时采取缓坡设计。缓坡设计能有效避免沟渠隔断原有的环境或生态系统，以便于动物在水陆两域迁移，同时减少渠道内水位高低变化带来的生态冲击。一般来说，当沟渠深度 $h<$ 30cm 时，可采用矩形断面；h 在 30~50cm 时，可设计矩形断面或者坡度 $s<1:0.85$ 的梯形断面；当 $h>50cm$ 时，最好采用梯形断面，且应注意需设计 $s=1:0.75$ 的缓坡。

（2）衬砌方式设计。目前常见的沟渠设计中可以将衬砌方式分为三类（如图 3-12 所示），一类为边坡衬砌，从防渗、输水效率和景观生态等多方面考虑，通常采用表面多孔的设计，如不填缝浆砌石和浆砌石与混凝土相结合的边坡衬砌方式；另一类为渠底衬砌，大多为混凝土硬质化衬砌，优点是渠底防渗性强，并能为植物提供充足的生长空间；最后一类是由混凝土块、无砂混凝土框格（可种植水生植物）组成的改良植生型防渗砌块，可与动植物及微生物构成自净效果较好的水生生态系统。

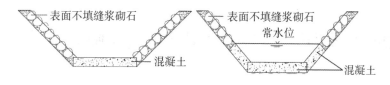

图 3-12　生态沟渠的衬砌方式

（3）生态护坡。现有的护坡技术综合归纳为两类：纯植被护坡、工程措施与植物复合的组合式护坡（如图 3-13 所示）。纯植被护坡技术是指人工种草，适用于边坡坡度较缓的生态沟渠；

工程措施与植物组合的护坡技术则指将人工构筑物与特定植物复合的生态护坡，设计出的护坡具有良好的通气吸水、防止土壤流失且具备景观效益等优点。

图 3-13　生态沟渠的护坡技术

（4）水生植物。水生植物在对污水的处理过程中占有举足轻重的地位，植物可以直接吸收利用污染水体中的营养物质，供其生长发育。渠底和坡面上都应种植一些净水植物，比如芦苇、菖蒲、灯芯草等，用于净化水质，美化沟渠。

30. 生态沟渠的设计规范标准是什么？

目前，有关生态沟渠的设计标准暂无国家标准，主要为地方发布，可参考以下 4 个省市的标准：

（1）四川省 2023 年发布的《四川省农田生态沟渠构建技术规范》（DB 51/T 3007—2023）；

(2)浙江省 2021 年发布的《农田面源污染控制氮磷生态拦截沟渠系统建设规范》(DB 33/T 2329—2021);

(3)云南省大理市 2021 年发布的《洱海流域农田径流氮磷生态拦截沟渠构建技术规范》(DB 5329/T 75—2021);

(4)江苏省 2013 年发布的《农田径流氮磷生态拦截沟渠塘构建技术规范》(DB 32/T 2518—2013)。

31. 生态沟渠的施工流程与施工方法有哪些?

受限于我国各个区域的发展程度和地形气候的差异,生态沟渠的构建应因地制宜,必须保证沟渠内有一定的设计水深,渠内水流平缓,尽可能延长水力停留时间,以提高拦截效果。主要按照以下施工流程与施工方法进行施工。

(1)施工流程。一般情况下,沟渠的工程施工可按照以下顺序进行:沟渠测量工程→沟渠开挖工程→膨润土防水毯铺设工程→驳岸工程→护坡工程。施工过程中,一般遵循自上而下、分梯段进行的施工原则,先进行植被清理、表土清挖,形成周边截排水系统,再进行削地皮开挖。

(2)施工方法。施工方法主要包括机械削坡开挖和人工削坡开挖(如图 3-14 所示)。开挖前应在施工区域内设置临时性或长期性排水沟,将地面水排走,防止场地积水。开挖时应测量定位,依据平放线,精准定位开挖宽度,可按放线分块(段)分层挖土，并定期进行桩位和水准点的核验。使用机械削坡时要由深而浅，坡面要预留 20cm 的保护层，再采用人工修坡、整平的方式以保证边坡坡度正确，避免超挖现象和扰动周遭土层。若在实际施工过程中出现部分区域超挖，待回填后应采取必要的夯实措施。

图 3-14 生态沟渠施工方法

32. 哪些植物可以用于生态浮床、生态沟渠和人工湿地？

污水处理设施中的高等水生植物具有对环境中一种或多种污染物进行选择吸收、超量积累、降解、转移及促进根际微生物共存的特性，最终可降低水体环境中污染物的浓度。不同类型的植物适用于不同污染状况与水量规模的水体，常见的生态型净水植物按照生长类型主要可划分为挺水植物、沉水植物和浮水植物三类。

(1)挺水植物。指主体部位明显高出水面的植物,对环境变化有着强大的适应能力与抗逆性。挺水植物可通过自身根系从底部的泥沼中吸取过量的营养元素,以此达到净化水质的效果。同时还能兼具阻水作用来沉降水中的悬浮颗粒物,可用于不同类型的污水水质净化,常见的挺水植物有水葱、芦苇、美人蕉、再力花等。

(2)沉水植物。指大部分生活周期都在水中的水生植物,其根茎吸收营养物质的方式分为浮于水中或扎根于水底泥沼。与挺水类植物的不同点在于,沉水植物种类多为淡水植物,且整体完全浸没在水体中,常见的有苦草、金鱼藻、狐尾藻及黑藻等。

(3)浮水植物。浮水植物一般漂浮于水体表面,根系较短,夏季生长迅速,对高污染水体环境有很好的耐污抗性。浮水植物主要通过根和茎来吸收污染物,叶子也能起到一定辅助吸收的作用。常见的浮水植物有睡莲、浮萍、菱角等,对富营养化水体有良好的净化作用,但其衍生能力较强,随着水体漂浮活动范围广,若不人为干预管理极易泛滥。

生态浮床应选择适宜水培条件生长的水生植物,一般要求其具有一定的耐污、抗污和较强的净化能力。这类植物普遍根系发达、繁殖能力强、生长快且具有较好的景观效应,泽苔草、香蒲及旱伞草均是不错的选择。对于生态沟渠而言,植物配置不宜选用浮叶植物，应以本土沉水、挺水和护坡植物为主，如铜钱草、黑三棱、狐尾藻和灯芯草等。人工湿地植物需要兼顾景观与净化功能，应具备强劲的生命力，需兼顾抗冻、抗热和抗病虫害能力，最好是冬季半枯萎或常绿植物，如鸢尾、千屈菜、美人蕉及黄菖蒲等。各地区适宜的本土植物见表3-6。

表3-6　各地区适宜的本土植物

气候分区	挺水植物	浮水植物		沉水植物
		浮叶植物	漂浮植物	
全国大部分区域	芦苇、香蒲、菖蒲等	睡莲等	槐叶萍等	狐尾藻等
严寒地区	水葱、千屈菜、莲、蒿草、苔草等	菱等	—	眼子菜、范草、杉叶藻、水毛茛、龙须眼子菜、轮叶黑藻等
寒冷地区	黄菖蒲、水葱、千屈菜、蔗草、马蹄莲、梭鱼草、荻、水蓼、芋、水仙等	菱、芡实等	水鳖等	范草、苦草、黑藻、金鱼藻等

气候分区	挺水植物	浮水植物		沉水植物
		浮叶植物	漂浮植物	
夏热冬冷地区	美人蕉、水葱、灯芯草、风车草、再力花、水芹、千屈菜、黄菖蒲、麦冬、芦竹、水莎草等	菱、芡实、荇菜、莼菜、萍蓬草	水鳖等	范草、苦草、黑藻、金鱼藻、水车前、竹叶眼子菜等
夏热冬暖地区	水芹、风车草、美人蕉、马蹄莲、慈姑、莲等	荇菜、萍蓬草等	—	眼子菜、黑藻、范草、狐尾藻等
温和地区	美人蕉、风车草、再力花、香根草、花叶芦荻等	荇菜、睡莲等	—	竹叶眼子菜、苦草、穗花狐尾藻、黑藻、龙舌草等

33. 如何设计土壤渗滤系统以保证其正常运行?

土壤渗滤系统是一种利用天然土壤的无动力或微动力污水处理技术,在设计时,应在结构之间尽量使用自流,不仅节约能源，还有助于管理后续的操作和运维。其次，土壤对污染物的吸附有一定的限制，在设计时，有必要综合考虑土壤的自净能力、植物的吸收及降解污染物的能力，以防止土地污染和污水出水不达标。应根据当地污水和水流的流量设计合理的长宽比，土壤渗滤系统的厚度应根据施工现场的具体情况，由池底部的土层和地下水位共同确定。

施工过程中不要人为破坏原有的土壤生态系统，不要对其进行太大的扰动，并需要做好防渗措施，避免运行过程中污水渗漏进地下水，以确保系统的正常运行。土壤渗滤系统工程占地较大，除预处理设施占用少量土地外，床表可作为景观开发，因地制宜来确定整体系统的布局，在保证工程质量的前提下尽力追求系统的美学外观。除此之外，土壤渗滤系统的种植层应尽量选用本土水生植物，并且植物在种植时要考虑其种植的密度。

34. 设计土壤渗滤系统时，需要考虑哪些要点？

土壤渗滤处理技术在工程设计中需考虑如下四个要点：

(1)土壤渗滤系统的水力负荷。土壤渗滤系统的水力负荷决定了系统的处理能力，偏低会导致系统利用率降低，偏高则直接影响系统对污染物的处理效果。一般来说，土壤渗滤系统的水力负荷通常为 $0.05 \sim 0.15 \mathrm{m}^3/(\mathrm{m}^2 \cdot \mathrm{d})$，具体应根据当地的水质情况确定。

（2）渗滤沟的结构和布置。渗滤沟是本系统的关键设施，污水主要是在流经渗滤沟的过程中得以净化的。渗滤沟主要影响污水的流动方式及布水均匀程度，进而影响系统对各种污染物的去除效果。渗滤沟主要由五部分组成，自上而下分别为表层、渗滤层、隔离层、底层和防渗层。

（3）监测系统。监测系统可以准确反映系统运行的实时状况，对土壤渗滤出水进行评估，方便调整系统运行参数。

（4）温度。温度是影响土壤渗滤系统正常运行的又一重要因素。总体而言，冬季污水净化效果最差，而夏季净化效果最好。因为冬季气温比较低导致土壤中部分微生物活性降低甚至死亡，不仅会引起系统堵塞，而且会造成污水处理效果差。因此，在设计过程中，应当充分考虑当地气候情况，对土壤渗滤系统各部分做出相应的改进，以保证出水水质达标。

35. 适合用作土壤渗滤系统的土壤介质有哪些特征？如何进行改良？

土壤介质是土壤渗滤系统最重要的组成部分，直接决定了系统运行的稳定性及污水净化效果。不同的土壤介质去除污染物的能力是不同的，可通过改良土壤介质来增加其对污染物的去除能力，改良后的土壤介质会影响土壤水分的运动状况，进而影响污染物在土壤中的迁移转化。土壤渗滤系统对污水的净化能力主要与土壤胶体的种类、数量和土壤性质有关，土壤含有胶体物质特别是有机胶体越多，其净化能力就越强。一般认为，良好的土壤结构、适当的土壤孔隙率、渗透性、通气性以及维持较高的有机质含量能为微生物及植物提供适宜的生长环境，从而利于污染物的去除。

当土壤的选择受到当地实际土地环境的限制时，必须通过土壤改良来达到相应要求。土壤改良主要是通过添加填料来改良土壤的结构，常见的填料有砂、粉煤灰、碳化稻壳等，图3-15所示为土壤改良常用的填料。此外，在当地土壤适宜的情况下加入一些鸡粪、草木灰或在土壤中掺和一定比例的泥炭和炉渣，可为微生物提供更适宜的生存环境，从而增强土壤渗滤系统的处理效果，也可在土壤中添加富含铝、铁的物质或通过投加石灰石来增加土壤 pH 值，改善土壤渗滤系统对于磷的去除。

砂　　　　　　粉煤灰　　　　　　碳化稻壳

图 3-15　土壤改良填料

36. 设计和安装净化槽时，需要满足哪些要求？

净化槽的设计和安装需要满足防渗要求、荷载要求、防腐和抗变形要求及维护管理要求。

（1）防渗要求。在设计净化槽时，应考虑到处理工艺、池体的大小和形状以及使用年限等因素来选择适当的建造材料。净化槽的池底、池壁以及隔墙（板）均采用耐水材料制造，应为封闭式不透水结构，以防止污水渗漏。

（2）荷载要求。在设计净化槽时，应根据池体的大小、形状以及设置场所，着重考虑土压、水压等外力以及自重和其他荷载等因素，以期保证其结构符合承载能力的安全要求。这里的"其他荷载"一般包含以下 4 项内容：积雪地的积雪荷载；如果设在停车场或道路等地，则指汽车的重量；如果在净化槽上建有其他建筑物，则指建筑物重量；如果地下水水层较浅，则指地下水的浮力。

（3）防腐、抗变形要求。净化槽可能腐蚀、变形的部分，应使用抗腐蚀、抗变形的材料或采取有效的防腐及增强措施。在进行净化槽的设计时，使用耐久性、耐腐蚀性的优质材料对于节省投入运行后的维护费用、修理费用是有利的。从池体的形状和结构上来看，对于维护和更换较困难的池内组成部分和装置应选用耐久性、耐腐蚀性以及耐化学性较强的材料，例如接触氧化池(室)。

(4)维护管理要求。在设计和安装净化槽时，要满足后期运维管理的相关要求，这包括以下3个部分：

①净化槽池内的检查、污泥的管理、污泥的采样、污泥的清除及仪器设备的检修必须能够方便、安全地进行。

②各池(除人孔外)根据需要还应设置检查设备用的检查口。人孔、检查口的周围不允许放置会妨碍清扫和检查的物品。

③净化槽安装后应在明显的位置设置铭牌，标注厂家名称、制造时间、处理水量、容量及型号等内容。

37. 净化槽的安装施工过程中需要注意哪些问题？

净化槽的安装施工必须严格按施工技术标准来进行，中大型净化槽一般是在现场施工建设的，通常为钢筋混凝土结构。而家庭用小型净化槽，其壳体材料主要是玻璃钢或塑料，可在工厂批量生产后运到现场进行安装，比较适合对农村个体户的生活污水进行分散式处理。这些净化槽的安装，都需要注意以下几个问题：

(1)保持槽体水平。安装过程中首先需要防止槽体不稳产生倾斜，一旦槽内的水流发生异常会导致系统短路而不能达到正常的处理性能。其次，如果由于地形原因导致槽体倾斜，甚至会引起河水从排放口往净化槽内倒流的情况发生，因此在净化槽安装施工过程中要确保槽体保持水平。

（2）避免壳体损坏。在净化槽安装过程中，应避免土压或其他压力引起壳体的变形和损坏，同时还要注意使净化槽周围保持整洁，以便于净化槽的运行操作和检修运维的进行。

（3）定期调整和检修。安装竣工后的净化槽需要定期对其运行状态做一些调整或进行修理。其中，净化槽的维护管理包括监测槽内各个装置的运行情况，附属装置的状态及出水水质是否达标等方面，力求尽早发现问题并及时采取适当的措施。在进行点检时，首先要检查一下排水管内水的流动情况，然后再检查各个装置的安装和运行情况，确认污水的处理正常地在进行。

除上述问题外，近年来一些新开发的生物反应器，像生物膜滤池、填料流动池以及生物过滤流动池等也可被应用于净化槽中。虽然这些新型装置具有处理效率高、体积小等特点，但在运行操作和维护过程中，必须注意防止填料流出、监控水位高度、观测曝气状况以及污泥的沉积状况等问题，以保证整个系统稳定运行。

38. 生物滴滤池的设计参数有哪些？

生物滴滤池的主要设计参数包括池体与承托层、进水负荷、布水方式、供氧方式和回流比等，在设计时应按照实际需求进行优化选择。具体设计参数如下：

（1）池体与承托层。传统生物滴滤池池体中滤床长为 1～6m，一般为 2m；滤料层高度为 1～2m；承托层中石块粒径为 3～10cm，形状不规则为佳。石块大小的选择还要根据滤池单位体积的有机负荷来决定，若负荷高，则要选择较大的石块，否则会因营养物浓度高，微生物生长快而导致装置堵塞。

（2）进水负荷。生物滴滤池的进水体积负荷与废水的停留时间成反比，提高进水有机负荷，则滤池内微生物群落增多，活性不断提高，去除率上升，微生物抗冲击负荷能力较强。当有机物浓度超出微生物的分解能力时，去除率随之下降。生物滴滤池的最佳进水有机负荷一般为 0.3～0.9 kgCOD/（m²·d）。

（3）布水方式。生物滴滤池的布水方式是影响污水能否在滴滤池中均匀分布的主要因素。传统生物滴滤池的布水是在其上方由布水器分散成滴状喷洒在滤料上。目前，大多生物滴滤池采用丰字形布水器来实现均匀布水，但也有 V 形溢流布水器和旋转式布水器可供选择。

（4）供氧方式。生物滴滤池自然供氧主要受滴滤池自身拔风能力和风速的影响。当滤池内的温度和环境温度相近时，自然供氧效果不佳。可根据实际情况选择对滴滤池曝气来强制通风，但曝气会带来能耗问题，设计时应充分考虑。

（5）回流比。回流比对出水水质有明显的影响，主要影响氨氮和总氮的去除。适当的回流比是提高生物滴滤池脱氮效果的有效途径，一般回流比在60%～80%时，各类污染物的去除率均相对较高。

39. 生物滴滤池设计时应关注的要点有哪些?

生物滴滤池设计时应关注以下几个方面:

(1)填料选用。生物滴滤池内部必须充填有机成分高的活性填料，为微生物生长提供有机养分，从而有利于生物膜的形成。选用的滤料须满足比表面积大、持水时间长、吸附性能好、化学稳定性好、机械性能好及成本低等条件。生物滴滤池的滤料种类很多，常用的有沸石(天然和人工)、陶粒、石英砂、活性炭和火山岩等。一些常见滤料的物理性能及优缺点见表3-7。

表3-7　常见滤料特性

滤料	物理性能	优点	缺点
沸石	能通过吸附去除水中的氨氮	显著降低氨氮浓度	孔径小，易堵塞，反冲洗阻力大
陶粒	开孔率和孔径较大，有利于微生物生长	使用寿命长，反冲洗周期短，节省运行成本	磨损破损率较高，水流阻力大，容易堵塞，易发生板结
石英砂	硬度高，密度大，抗腐蚀性好	截污能力强，使用周期长	孔隙率低，比表面积小，冲洗水消耗大

续表

滤料	物理性能	优点	缺点
活性炭	抗挤压，结构好，持水能力强	比表面积大	寿命较短，价格比较昂贵
火山岩	机械强度高，化学稳定性好，表面粗糙	不易堵塞，水流阻力小，粒度均匀，挂膜速度快	价格昂贵

（2）微生物种类。生物滴滤池中含有多种微生物类型，包括硫化菌、硝化菌、可降解烃类、酚类、卤素及芳香族的微生物等，这些微生物主要为化能自养型或光能自养型，可以降解营养物质及大部分有机化合物。针对农村生活污水水质情况，在设计时应确定优势降解菌属。

（3）菌种驯化。针对不同农村生活污水中污染物的降解，可以进行特定菌种的驯化。常见优势微生物的驯化方法包括两种，即一次性加大高浓度化合物计量法和逐级加大高浓度化合物计量法，一般步骤为接种培养、检查培养液混浊度、取培养液进行一次或多次传代培养、划线分离，从而获得优势菌株。

40. 设计生物滴滤池时可参考哪些标准和规范？

目前，关于生物滴滤池的标准和规范较少，主要可参考以下两项标准：

（1）国家发展和改革委员会2019年发布的《脱氮生物滤池通用技术规范》（GB/T 37528—2019）；

（2）生态环境部2012年发布的《生物滤池法污水处理工程技术规范》（HJ 2014—2012）。

第四章

农村生活污水分散式处理设施的运行与管理

1. 农村生活污水分散式处理智能监管系统建设要求及作用是什么?

对于日处理能力为 30t 以上、受益人口超过 100 户的区域,通常需要设置农村生活污水分散式处理智能监管系统。该系统的主要职能是监管设施的运行状况,同时还会对设施的处理水量和出水水质状况进行定期监测。

针对日处理能力较大且位于水处理功能要求较高的区域内的处理设施,在设计过程中应该安装在线视频监控摄像头、流量计、数采仪等在线监测仪表,以便于后期实时监测设备的运行状态、完成数据的收集及传输。

仪表应选用先进、成熟、可靠且易维护的品牌产品。选择的厂家必须具备相应的资格认证,出售产品的同时必须提供完整的配件、附件、备品备件,并提供良好的质量保证和完善有效的售后服务。

总体而言，农村生活污水分散式处理智能监管系统应具备可随时查看设施设备的在线状态、运行工况、实时视频、传感器实时数据、地图显现、流量统计分析、水流量报表、风机水泵等设备运行状态报表、考勤统计、工单执行情况、站点运行状况分析、安防报警情况报表、完善档案管理(包括以电子档案形式管理各类行政文件、规划文件、设计文件、施工文件、运行维护文件)等功能。通过数据可视化和平台多维数据自助式分析，达到实时监测设施中的主要设备的运行状况和对智能设备的数据进行查询、分析、管理的目的，并对处理设施的处理过程监控、水质监控、设施运行状态评估、时域和区域的汇总进行统计。常用的智能监管系统如图 4-1 所示。

图 4-1　智能监管系统

2. 农村生活污水分散式处理智能监管系统的运维该如何进行?

农村生活污水分散式处理智能监管系统需要维护的设备设施主要包括监管中心的设备、服务器、监管信息系统及终端监控设施。

(1)监管中心的设备。主要包含办公设施(桌椅)、电气设备和网络设施等。主要维护要点在于:所有设备均须进行清灰处理,防止因设备运行和静电作用将灰尘吸入内部,引起运行异常。对电气设备的维护需要重点注意部件是否老化、线路连接是否符合规范、控制面板和操作系统的运行是否稳定,因此建议对电气设备进行定期检查。尤其要注意空调的控温效果,确保设备运行的温度和湿度满足国家标准规范。对于网络设施,需监测其运行状况,保证数据传输线的质量和技术参数设置正确。

(2)服务器的运行维护。主要内容在于定期检查服务器的报警系统及数据采集系统,确保监管中心各项服务可正常开展且能够满足应用服务的要求。针对服务器的软、硬件应定期检查、及时进行诊断故障、查杀服务器病毒、检查系统数据的完整性并及时进行备份。

(3)监管信息系统的维护管理。要求每日对联网点至少进行2次网络巡查，重点监查视频、流量及信号传感器的运行情况，着重关注是否触发过警报。在巡查过程中遇到的问题应及时处理，并登记台账记录，做到有迹可循；每月至少确认监管系统的数据安全性及日志完整性一次，并做好相关备份工作；每月至少统计并整理站点运维数据一次，包括整理工作日志和报表等工作记录，并根据要求及时上报相关部门。

(4)终端监控设施的维护管理。终端监控设施通常包括视频监控、水质监控、设备监控、安全防护及网络传输设备。对摄像头、防护罩等站点监控设备和设施应做好防尘处理，对监管设施的技术参数应定期校准，以确保其运行正常。对于水质监控设备，要重点维护取水泵、集水/配水/进水系统、自动加药系统及仪器分析系统，最后应对维护过程进行记录，按月对检修信息进行汇总，以电子文档的形式保存备案，并上报至监管中心。

3. 污水处理设备维修保养的具体内容是什么？

污水处理设备维修保养的具体内容是：工具及工件用完归位且摆放整齐；设备的安全防护措施落实到位，防护装备配备齐全，标识、标签及铭牌应清晰、完整和易辨识；设备之间连接的线路及污水管路应安装整齐，符合相应处理处置规定；保持设备表面、内部及周边清洁，维护保养后应做到无油渍、污垢、锈蚀、无废屑物；需使用润滑油的设备应按质、按量加油和换油，且应保证油镜能够清晰可查，同时应注意设备配套油壶、油枪、油杯、油嘴、油毡和油线的清洁工作；定期检查油泵，确保其运行正常、整体油路畅通。

污水处理设备的维修主要分为小修、中修和大修。

（1）小修。只需要对损坏部位进行局部的修理、及时更换和调试运行，工作量较小。

（2）中修。污水处理设备的中修频率一般在 $1 \sim 3$ 次/年，主要工作内容是更换和修复设备主要部分，对仪器设备的精准度进行调整校正，确保仪器的正常运行且运行效果达到技术标准。

（3）大修。一般由专业修配厂来完成，整体工作量大、维修频率低，通常为几年甚至十几年一次。具体内容包括对污水处理设备进行全面的拆解和检查，更换配件或重新组装设备，收尾工作为对设备外表进行重新喷漆或粉刷。

污水处理设备的保养主要分为以下几类：

（1）日常保养。具体内容是做好设备外部的清洁工作，如清洁、检查和加油等，通常由操作人员承担，并作为交接班的内容之一。

（2）一级保养。主要针对污水处理设施的易损零件进行维护，重点工作是设备易损零部件的清洁、润滑及设备局部的拆卸和调整等，一般在专职检修人员的指导下由操作人员进行。

（3）二级保养。要求对设备进行全面的严格检查和修理，一

般由专职检修技术工人对零部件进行更换和对仪器精度进行
校准。

4. 农村生活污水分散式处理设施运行维护管理应从哪几个方面进行?

农村生活污水处理设施运行维护工作主要包含以下几个
方面:

(1)对接户设施及管网设施的维护。确保污水收集系统中
管网系统的畅通是污水合理处理处置的前提,针对接户设施及
管网维护的工作要点在于:管道材质及规格选用合理;重点检
查管道是否存在阻塞及破损现象;指定区域负责人巡查,并做
好检查记录;关注管网线路周边和路段的卫生情况;坚决杜绝
管道系统私自接管及违章占压等违规现象的发生;针对破损的
管道应联系运维人员及时上报维修,以确保整个污水收集管路
系统能流畅运行。

(2)对终端处理设施的维护。目标物是农村生活污水分散
式处理工艺所需终端处理设施内的各类构筑物及设备,包括阀
门、提升泵、电磁式流量计、曝气设备及传感器等。这类设施
的维护主要在于做好日常巡检工作,要合理制定检查周期和排
班制度,力求及时发现和处理异常情况,如有接触不良、老化
和破损等问题,应及时报告并尽快修复,保证处理设施正常

运行。

（3）开展设施终端场地的环境卫生、绿化养护等运维工作。有植物参与污染物降解的处理工艺要及时关注植物的生长状况，依据季节及时采取病虫害的防治措施，定期维护修剪枯黄的叶片和根茎，及时对单元内枯死的植物进行补种。同时，也要注意开展周边杂草的清除工作，确保设施内植物活性，保证污染物的净化效率。

5. 农村生活污水管网的维护要点是什么？

农村生活污水处理设施中的管道多用于输送液体，主要有污水管、药液管及给水管等。对于液体输送管道的维护应注意以下几个问题：

（1）管道表面开裂及破损。这类问题主要是由于管线施工时埋设深度不够，被来往载重车长时间碾压所致，需更换新的管道，若条件允许应加大埋设深度。

（2）管道渗漏。接头不严、接头松动或者遭到腐蚀时会发生管道渗漏的现象。腐蚀情况多发生在土壤暗埋部分，而当地基的稳定性较差，不足以支撑管道周遭强度时，很容易发生因挤压而造成侧漏的现象。针对以上情况，要及时对管道进行补漏，做好加强支撑及防腐工作，若腐蚀情况特别严重则应更换新的管道。

（3）管道噪声。一般管道噪声主要出现在非埋地铺设路段，主要原因可能是流速过大、水泵和管道连接处基础施工存在问题、管道内发生畸形形变、内部存在局部阻塞情况或阀门密封件松动。如有以上问题，可通过采取更换管道或阀门配件、改变管道截面或疏通管道等措施来提升管谊的防震和隔震能力。

（4）管道冻裂。在寒冷地区，极易发生因管道材质、规格选择不适造成的开裂现象，处理这类问题时需要重新铺设管道，在管道周遭填埋部分矿渣、木屑或焦炭等材料，并铺设砂层用于防止污水管受到冰冻而胀裂。

（5）管道阻塞。造成管道阻塞的原因主要有两个：一是运维过程中工作人员不慎将物品遗落在管内；二是管道两端坡度太小，造成管内流速过小而导致杂质沉积。若因设计施工不合理致使铺设坡度不够，应重新规划铺设埋深度。若因杂物阻塞，可采取高压冲刷、人工或机械的方式进行疏通。在进水管口处应设置标识，及时清理周遭环境，避免杂物落入管中引起阻塞。

6. 检查井的作用、设置条件、巡检内容及应如何进行保养？

排水检查井是室外排水系统中的主要构筑物（如图 4-2 所示），其主要作用是连接、清理、检查管道。除此之外，还可改变水流方向（弯头），起到污水汇流（三通）及管道变径的特殊作用。

检查井铺设在排水管道汇流处、方向改变处、管道口径和坡度变化处，污水直流管段上每隔 40～50m 处，管道材质发生改变处及排水跌差较大处。

检查井的巡检工作主要分为外部巡检和内部检查两个部分。外部巡检的主要工作内容是检查井盖是否被污水埋没、丢失、破损及标识是否正确、盖框是否存在异常凸出和凹陷情况；内部检查主要需探清井壁、管道口和井底的情况，如井壁是否存在裂缝或泥垢堆积厚度过大的现象，管道口是否能保证水流畅通无阻，井底积泥是否过深需要清理。

检查井的保养工作主要是检查周边、清理井内的垃圾、井底的积泥和进行井盖和井壁的维修工作。检查井保养前应首先检查井周情况，特别是注意井盖是否存在缺失和损坏情况，在

图 4-2 检查井的外部构造

清理过程中要在周围安放防护栏及警示标志。要确保清理前及清理过程中井内始终保持通风状态。对检查井内部的清理主要是安排运维人员进行人工清掏,可依据管道口径采取推杆疏通、射水疏通、绞车疏通、水力疏通或人工铲挖等方法进行清理。一般流程是确认周围安全后将施工人员下放到井底,采用长竹片、铁铲、捞筛和高压水枪等工具完成淤泥及杂物的清理,最后将垃圾收集后转运至中转站。

7. 阀门的作用及应如何开展日常维护?

阀门属于管道的附件(如图 4-3 所示),通常发挥控制流体的流量、调节流体压力及控制流体方向的作用。在农村分散式污水处理设施中,流体不仅限于液体或气体,也可能是气液混合体及固液混合体,这就要求阀门的安装及使用必须符合标准和规范。

阀门的日常维护内容包括检查阀门外部和阀体是否发生泄漏、损坏或者移位,对于阀门内的密封圈、连接螺母和主轴也要定期维护。金属材质的阀门应注意表面是否出现锈斑。长期闭合的阀门内部更容易形成一个死区,可能因泥沙堆积对阀门的开合会形成较大的阻力,从而出现阀门不能正常使用的状况。针对这种情况,切勿使用蛮力强行扳拧阀门,应反复进行开合动作,利用流体冲走内部泥沙,待阻力明显减小后再全部开阀。

图 4-3　污水处理设施常见阀门实物图

一些长期闭合的阀门应该定期运转，防止完全锈死或者被堵死。

在保养方面应特别注意以下几个问题：

（1）及时补充润滑油。防止阀门出现缺油现象，通过提高润滑程度来防止阀门磨损或出现卡壳失效等故障。

（2）及时拆除破损部件。对于轴承损坏或者轴承卡在蜗轮蜗杆中的阀门，只能进行拆除，随后拆卸并对内部轴承进行更换、对蜗轮蜗杆进行修复，以恢复阀门正常功能。

（3）注意保养频次。油漆、注油润滑及更换零件等重要保养每年应至少进行一次。针对止回阀，应每月至少调试一次。

（4）认真记录工作日志。准确记录每次开闭时间、操作人员及阀门状况并实行定期巡检制度。

8. 如何保证曝气设备的正常运行？

作为农村生活污水处理系统的心脏，鼓风曝气设备在发挥污水处理设施功效中起到了至关重要的作用。因此，为保证鼓风曝气设备的良好运行，要特别注意以下几点：

（1）需要定期巡检。巡检频次为 5~7h/次最佳。巡检内容包括电机、减速器、主轴箱等曝气机零件运行是否正常，定期检查叶轮或转刷运行状况并及时排除叶轮或转刷上勾带的污物。

（2）确保鼓风机房整体通风良好。鼓风曝气设备的能耗较大，运行过程中产热较高。若机房内的温度不能及时扩散，会引发鼓风设备机温过高的状况。此类问题不但会减少整体设备电动机的寿命，还可能导致鼓风机因动力不足而停机。可通过采用对室内空气降温和直接给鼓风机进气降温两种方式改善这一状况。

（3）检查鼓风机的进、出口风压。进口风压较低应对进风过滤器进行清洗或者更换，而出口风压过高，则应该着重检查出气管路，检查是否存在曝气器微孔膜堵塞或空气管道积水的现象。通常情况下对过滤器及微孔膜进行反复清洗和排放管内积水即可解决进、出口风压异常问题。

（4）注意润滑保养。曝气的设备必须严格按照鼓风机厂家的要求运行，按照规范进行保养操作，定期检查并及时更换润滑油。同时要每天做好清洁工作，保持机组整洁。

（5）防止电动机受潮。在恶劣天气下作业时，尤其是遭遇暴雨、暴雪等极端天气时，可采取遮盖等措施避免电动机受潮，避免因设备短路而引发安全事故。

9. 如何保证冬季条件下污水处理设施的稳定运行？

一般来说，人工湿地、生态浮床和生态沟渠中的植物和微生物对温度尤为敏感，如果植物和微生物在系统中的生长受到影响，将直接影响这些处理设施的效果。大量研究表明，冬季温度较低，植物容易死亡，设施处理效率会明显下降。同时，在较低温度和氧含量的情况下，微生物活性也会降低，使微生物对有机物的降解能力下降。

针对冬季运行所面临的不利条件，可采取下列方法来保证冬季条件下不同污水处理设施的稳定运行。

（1）在深秋季节将水位升高约50cm，一旦结冰，冰层下面的水位将会降低，从而在水平面和冰层之间创造一个保温层，维持系统水温不至于太低，这也是表面流人工湿地和潜流人工湿地防冻的常用手段。

（2）针对生态浮床，可以增加物种多样性和耐寒植物，来克服低温天气下氮、磷去除效率低的缺点。

（3）加大生态沟渠植物密度，特别是种植一些冬季也能生长的植物，如黑麦草、水芹菜等，以保证冬季去除效果。

图 4-4　黑麦草和水芹菜

（4）覆盖保温材料来保持人工湿地、生态浮床和生态沟渠冬季温度，进而确保设施运行的稳定性。

10. 设施运行过程中造成堵塞的原因及解决方案有哪些？

由于不同设施构造不同，其所产生堵塞的原因也可能不同。常见污水处理设施堵塞原因及解决方案如下：

（1）人工湿地。在人工湿地运行过程中，随着污水处理过程的不断进行，湿地中的微生物也相应繁殖，再加上植物的腐败以及基质的吸附能力逐渐趋于饱和，若维护不当，很容易产生淤积、阻塞现象。

对于人工湿地而言，有机负荷过高是导致堵塞的主要原因，可以通过间歇运行的方式来恢复湿地的渗透速率，其中间歇期长短受天气条件的影响，同时还可以通过对废水进行前处理，减少进水中难降解悬浮物浓度来防止堵塞发生。另外，由于人工湿地系统中植物能够贡献较多的有机物，因此需要定期人工收割植物的地上部分并及时清扫，以此来有效缓解由植物造成的有机物堵塞。

（2）土壤渗滤系统。对于土壤渗滤系统而言，土壤堵塞是其必须面对的问题，它不仅影响到系统的水力负荷，而且也影响到系统寿命。造成土壤渗滤系统堵塞的原因主要有悬浮物截留及吸附堵塞、化学沉淀堵塞、土壤颗粒遇水膨胀崩解堵塞以及微生物生长造成的堵塞等。从对堵塞的贡献率看，悬浮物截留及吸附和微生物生长是造成土壤渗滤系统堵塞的主要因素。

为了减少或者避免土壤渗滤系统发生堵塞，进水悬浮物浓度不宜过高，可在进水管道前增设沉淀池，间歇性进水来缓解可能由悬浮物造成的过度堵塞。同时在设计时，应该避免选择粒径过小的填料和土壤来避免浅表层堵塞现象的发生。除此之外，随着土壤渗滤系统堵塞的加剧，系统的水力负荷将逐渐减小，这时需让系统停止运行，通过落干或翻动系统表层进行恢复，以防止系统完全堵塞。

（3）生物滴滤池。生物滴滤池中的堵塞问题主要集中在布水管及喷嘴上，当布水管及喷嘴堵塞时，会使得废水在滤料表面上分布不均，导致污水进水面积减小，处理效率严重降低。当大部分喷嘴堵塞时，会使布水器内压增大而导致管道爆裂。

为了有效避免生物滴滤池在运行过程中布水管及喷嘴的堵塞，可以采取定期对所有孔口进行集中清洗、设计初次沉淀池来提高对油脂和悬浮物的前端去除率、维持滤池适当的水力负荷以及按规定对布水器涂油润滑等手段。

11. 如何对农村生活污水分散式处理设施开展清扫工作？

一般来说，人工湿地、生态浮床和生态沟渠中的植物需要定时清扫，清扫工作能够有效预防堵塞，防止出水水质指标变差。

首先，需要加强对处理设施中的杂草控制。一般来说，少量天然杂草对污水处理设施影响不大，可不必去除。但是，一旦杂草过度生长就会给整个系统带来许多问题。在春季时，杂草比设施中的植物生长得快，阻碍了植株幼苗的光合作用，此时杂草与处理设施中的植物产生竞争关系。为了防止杂草的生长危及植物系统，可在春季或夏季，建立植物床的前 3 个月，用高于植物床表面5cm的水深浸没来控制杂草的生长，也可对其采用人工或机械等方法进行处理。同时应注意，去除杂草时，不得使用化学除草剂，不得破坏表面，应防止化学药剂残留对处理设施造成的不良影响。

其次，对于处理设施内死亡的植物应及时清扫收割，否则腐烂释放出的大量有机质会造成出水水质恶化和堵塞等问题。定期对植物进行清扫收割，可以有效地去除水体中的氮、磷，并促进植物再生，以维持处理设施对水体的持续净化作用，避免植物枯落物对水体产生二次污染。

最后，在清扫过程中，必须考虑藻类的影响，水体中主要以绿藻和蓝藻为主。随着藻类的生长会导致水体浑浊而呈绿褐色，此时可以通过种植好氧水生植物与藻类争夺营养来抑制藻类的大量繁殖，比较适合睡莲等浮水植物。

12. 为什么要对处理设施出水进行周期性监测？

对污水处理设施进行水质监测，可直观反映污水处理设备在各污水处理工艺段的控制指标，让污水处理能更加经济、稳定地进行。此外，进行水质检测还能够提供净化后的水质数据，控制污水处理工艺使用的原料，降低成本。最后，对污水处理设施进行水质监测，可确保污水处理设施出水达标排放，提供各项监测指标及结果，便于运维人员及时发现问题，调整工艺。

监测项目主要包括：水位、pH 值、BOD_5、COD、TSS、氨氮、硝酸盐、磷酸盐、电导率、大肠杆菌等。监测频率宜为：水位和 pH 值每周 1 次，电导率每三个月 1 次，其他指标每月 1 次，各监测项目应按国家相关标准和规定进行。总的来说，根据以往的经验，利用已有仪器设备对水质进行定期检验，是解决水质安全问题最合理的方法。

13. 如何缓解人工湿地及土壤渗滤处理系统在运行中氧气供给不足的问题？

当人工湿地及土壤渗滤系统氧气不足时，有机物好氧分解以及硝化过程进行不完全，会影响出水水质，使出水带有厌氧发酵的气味。尤其是在较深层的土壤，靠自然供氧的方式不足以满足好氧微生物降解的要求。此时需要对系统进行复氧处理，常用的方法有干湿交替布水和曝气复氧。具体如下：

（1）干湿交替布水。当系统采用干湿交替的工作方式时，系统落干可以使系统内部渗滤介质中的孔隙水排干，外界空气得以进入，从而促进附着在介质表面的微生物膜对氧的吸收和利用，同时也利于空气中的氧向介质中的孔角毛细水扩散。下一次进水开始时，进入渗滤介质的大部分空气将被水封在系统内，继续向水中扩散。干湿交替的工作方式除了可以对系统进行复氧、使系统内部交替形成氧化还原环境、有利于有机污染物的降解去除外，还可以起到防止有机物和悬浮物沉积所造成的土壤堵塞，有效恢复系统渗透性能、保持系统稳定处理污水的作用。

（2）曝气复氧方式。对于系统深层的复氧，仅仅依靠干湿交

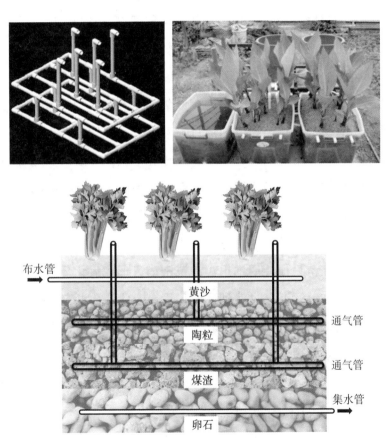

图4-5　人工湿地曝气复氧模式

替布水的复氧方式提供溶解氧是远远不够的。曝气复氧的方式是通过通气管与外界连通(可采用图 4-5 所示的方式对人工湿地进行曝气复氧),使空气得以进入系统内部。为了节约建设成本,通气管往往就是进水管。进水时向水中曝气,不进水时直接向进水管中曝气。由于通气管在系统内所能到达的范围有限,单纯靠通气管推动氧的扩散,其影响范围也很有限。因此,曝气复氧方式必须与干湿交替布水工作方式相结合。

除以上两种复氧方式外,还可以采用喷淋曝气、跌水曝气以及植物根茎复氧的方式来实现复氧。喷淋曝气一般运用于布水压力较大的系统,一方面通过喷淋可以实现均匀布水;另一方面,污水在喷淋的过程中与空气充分接触,可以达到曝气的目的。跌水曝气一般应用于多个系统的串联,而且串联的系统单元之间存在一定的落差,前一个单元的出水在落差跌落过程中实现复氧。目前,植物根茎的复氧能力还难以准确地评价,一般认为在植物根茎周围很小的范围内可形成氧化环境,随着距离的增加,逐渐会过渡到还原环境。因此,在没有其他复氧方式的前提下,植物根茎所能到达的区域往往决定了土壤渗滤系统的有效处理范围。

14. 如何防治生物滴滤池的臭味?

生物滴滤池一般是在好氧条件下运行的,并不会伴有严重的臭味，若有臭鸡蛋味，则表明系统中存在厌氧反应的部分。主要原因是进水浓度高，导致局部(尤其是进口)生物膜生长过厚而发生了厌氧代谢，有机物腐败、分解产生氨、硫化氢、硫醇、有机胺和有机酸等恶臭物质(常见恶臭物质结构式如图 4-6所示)。对臭味的防治可以从以下几个方面着手：

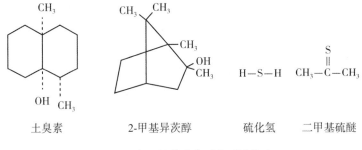

土臭素　　　　2-甲基异茨醇　　　硫化氢　　二甲基硫醚

图 4-6　常见的臭味物质分子结构式

①维护所有设备，清洗所有滴滤池通风口，避免出现堵塞，使其均为好氧状态；②当流量低时，向滴滤池进水中进行短期加氧或投加液氯等杀生剂，促进生物膜的脱落；③加大处理出水的回流量，提高生物滤池进水的水力负荷，促进生物膜的脱落，来减少生物膜厚度的积累；④加大通风，保证通风口畅通无阻和风机正常运转，提高充氧量，降低厌氧反应产生的可能性；⑤保持进水性质的稳定，避免高负荷冲击，以免引起污泥的积累，导致臭味的产生；⑥及时将生物滴滤池池底积泥排出，

避免脱落的生物膜或悬浮污泥在池底积累过多而形成腐败发臭的厌氧泥层。

15. 为保持稳定塘中菌藻系统的高活性，需要开展哪些维护工作？

藻类良好的生长状态是稳定塘形成合理、有效的菌藻共存体系的关键条件，保持稳定塘中高活性的菌藻系统是净化水质、保证稳定塘稳定运行的重要因素。在实际运行过程中可从以下三个方面展开维护，以保持微生物的高活性：

（1）调节工作条件。增加预处理设备，调节进水的理化性质，提供适合微生物生长的营养条件。此外，投加促生长物质，有针对性地促进微生物的生长，增强稳定塘中菌藻的生物活性。

（2）投加微生物菌种。基于光合细菌、酵母、芽孢杆菌的高效复合微生物菌剂可以对水体中的有害微生物进行竞争抑制和化感抑制，从而抑制腐败性物质变化，同时促进轮虫、枝角类等浮游生物的繁衍，形成"污染物-微生物-浮游生物-底栖动物"的良性微生态演替结构，有效保证菌藻共存系统的活性。投加微生物之前需要开展相关的试验和风险评估，投加后密切关注微生物进入新环境的存活数量、扩散范围和影响程度，避免发生生物入侵。

（3）设置曝气设备。微生物代谢会消耗水体中的大量氧气，仅依靠自然复氧稳定塘内部可能会形成缺氧环境，导致好氧微生物失去活性，甚至死亡。增加曝气设备辅助增强复氧，能提供合适稳定的溶解氧环境，维持菌藻高活性生长，保证稳定塘设备连续稳定运行。

16. 农村生活污水分散式处理工程应急事故处理应遵循哪些原则？

在农村生活污水分散式处理工程实施中可能会出现安全问题，如若出现紧急险情，处理时应当遵循以下几个原则：

（1）及时性原则。该原则主要包括 4 个"及时"，即及时撤离人员、及时报告（上级或有关主管部门）、及时通知保险公司（有投保时）和及时进行排险救助工作。

（2）"先防险、再救人、后排险"原则。若施工期间遭遇突发险情，由于险情和事故存在继续发展的可能，因此必须采取支护等安全保险措施后再救人，以免抢险人员及伤者受到新的伤害；同时要第一时间安排处在危险区域的人员撤出危险区域，避免因出现新的伤者而增加施救难度；在保证抢险人员人身安全的前提下，有组织地进行排险工作。

（3）保护现场原则。在不清楚事故具体原因的情况下，要尽力维持现场的原状，以便于后续事故的调查处理。通常情况下，需在遵循保护现场原则的基础上增设临时支护以确保救人和抢险工作的安全进行。在搭设临时支架前，可以通过拍照的方式记录现场全貌和局部情况，避免因设置支护而扰乱现场，从而影响事故的取证过程及最终结果。为了防止险情进一步扩大，在移动或搬走事故现场设施部分构件或物品时，必须提前记录事故发生时物品的位置，并在撤出人员、构件和物品的原位上作出明确的标记。搬离事故现场物品后，应有序摆放并做好标牌，避免在吊运堆放过程中改变其拆下时的原状。

17. 农村生活污水分散式处理设施运行维护管理过程中可能存在的安全隐患有哪些？

为保证运维人员的人身安全，在维护农村生活污水处理设施时特别要注意触电、高空坠落、落水、气体中毒、机械伤害和火灾等问题。

(1)触电。对于涉及提升泵、鼓风机及照明等电气设备的工艺，由于设备常年暴露在室外较为潮湿的环境中，设备及线路表面的绝缘层可能发生老化或机械损伤，工作人员的不当接触极易引发触电事故。为防止此类事件的发生，应对电气设备定期进行检查并及时更换老化线路。

(2)高空坠落。在对农村生活污水高处设备、管道及涉及需要进入池底较深的处理单元进行检修时，坠落是最主要的危险因素。运维过程中所使用的平台、梯子及高处通道均要符合国家安全标准，单元构筑物上的走道、栏杆及攀爬工具每次使用前都应进行检查，出现破损或腐蚀要及时检修或者更换。

（3）落水。在下雨、下雪导致台面湿滑时，容易发生落水事件。对于露天开放的污水处理池，应在池子周围设置防护栏或安全警示标志，来警示运维人员安全作业，同时应配备专用救生衣、救生圈和安全带等急救设备，用于应对突发情况。

（4）气体中毒。该类事件容易在池下或井下维护作业时出现。为防止此类事情发生，在下池、下井前应使用专用仪器连续监测有毒有害气体浓度，浓度过大可采取强制通风措施，确认具备安全条件后再进行作业。

（5）机械伤害。在大型设备安全防护措施丢失或者失效后，裸露在外部的机械部件可能诱发安全事故。在运维过程中必须对外露可动部件设置防护网罩，同时增设安全标志警示牌及照明设施。操作人员上岗前必须经过专业培训，避免因设备操作不当而引发机械重伤事件。

（6）火灾。农村生活污水处理设施发生起火事故主要是由于电气设备短路或电缆老化等原因引起的。为避免此类事故的发生，要合理安排运维人员的检修频次，准确记录电缆损耗程度和电气设备的运行状况，破损老化的设备及电缆必须第一时间修理或更换。

18. 农村生活污水分散式处理设施运维新模式有哪些?

目前农村生活污水分散式处理设施运维还面临着资金短缺的问题,因此,仅仅依靠政府支持难以满足项目建设及运维需求。为解决这一问题,建议在设施运维方面充分发挥市场机制,吸引社会资金以满足运维需求。PPP(Public-Private Partnership)模式,即政府和社会资本合作,是公共基础设施建设中的一种项目运作模式。其主要特点是鼓励私营企业、民营资本与政府进行合作,共同建设公共基础设施,常见方式为鼓励经济较好的地方力量建立农村污水治理设施运维专项基金,以此实行"专款专用",为运维过程提供有效的资金支持。在农村生活污水分散式处理项目建设及运维过程中采用该模式的主要优势在于:

(1)实现多渠道融资,利于弥补财政投入不足。PPP 模式下首先要明确政府的主体地位,这要求政府所需要开展和进行的财务支出较多,因此,在农村生活污水分散式处理项目建设及运行维护中的资金投入压力较大。为有效缓解这一情况,多元化、多渠道的融资方式成为最有效的手段。PPP 模式的大力推广,将通过社会渠道获取多方面有效融资,从而减轻政府财政压力。

(2)利于提高污水治理及运维效率。将 PPP 模式引入农村地区污水治理及设备运维中，促进政府和社会资本共同参与，实现公私合作、各司其职。首先，项目建设由政府牵头主导，设计、施工、运维等各阶段任务由专人进行，更有利于项目的推进及后期运维的保障。其次，可通过指定绩效考核制度来督促项目公司完成指定任务，依据考核完成度支付相应的服务费，确保项目正常推进。

（3）降低管理难度，利于规避风险。在公私合作的过程中，私营部门会更加注重自身的利益，这也会提升他们的风险意识。由于是与政府部门签订相关合同，这使得私营部门为获得相应的劳动报酬必须完成考核，因此，良好的运营才能为项目公司带来更大的利益。而农村地区污水处理效果及设施运维状况会反映政府形象，因此也会对政府造成一定约束，从而督促项目的进度，更有利于项目的落实。

19. 如何有效建立农村生活污水分散式处理设施建设保障机制？

农村生活污水治理是农村人居环境整治的重要内容，是实施乡村振兴战略的重要举措。农村生活污水处理设施保障机制的建设能够有效推进农村治理体系现代化，全面提升农村污水治理能力。

（1）建立农村环境保护基础设施建设的保障机制。环境基础设施建设是生态系统建设的重要组成部分，也能在设施运行维护中发挥重要作用，可以直接影响农村区域环境的保护效力。资金、技术及管理能力上的缺乏是导致农村生活污水分散式处理设施建设与管理工作推进困难的主要原因，严重制约了农村地区的污染源防治及美丽乡村建设。目前，依托我国城乡统筹建设大计，基本解决了基础设施建设与管理过程中存在的技术需求、投融资创新、区域协调等一系列问题，但对于发展较为落后的农村地区，系统开展环境基础设施的研究仍然较为薄弱，科学认识环境设施、切实体现"以人为本、因地制宜"的设施建设规划及后续保障机制成为当前面临的重要现实问题。

(2)建立农村生活污染控制与生态建设投入机制。建议施行农村生活污染和生态建设社会限资激励政策，将农村生活污染与生态建设金融政策相结合，拓宽政府财政投入的潜在可能机制和渠道。通过设计优化农村生活污水污染治理和生态文明建设的城乡统筹支付方案，充分发挥国家财政资本与社会资本投入的协同关系优势，有效建立起农村分散式污水污染控制和生态环境保护建设政府投资管理机制，将农村污水污染控制与生态文明建设紧密联系起来。

(3)建立农村生活污水污染控制与生态环境建设长效运行机制。依据我国国情，施行农村污水处理-废弃物循环利用-生态环境建设激励机制政策，构建以国家政策为主体的农村生活污水污染控制与生态环境建设长效运行框架。项目建设实施中应明确投资项目绩效考核机制，切实保证落地、运行、维稳指标体系、评估方案、实施及保障机制的合理构建。通过划定问责范围、具体问责方法及明确农村生活污水污染控制与生态环境建设的问责对象，建立科学、公正、高效的问责程序和相关制度。可设立监督管理平台，施行奖惩制度，来确保农村生活污水污染控制与生态环境建设的长效运行。

20. 农村生活污水分散式处理设施运维面临的挑战有哪些?

受限于污染防控意识薄弱、工作开展难度较大及资金投入明显不足等问题，农村生活污水分散式处理设施运维依旧面临着诸多挑战。主要挑战如下:

(1)重视程度有待提高。较城市而言，农村地区发展水平普遍较为落后，对于污水处理工作的重要性及设施运维的必要性认识较为欠缺，导致统筹工作部署严重拖沓、治理进度推进缓慢及运维效果不佳。受限于财政支出的原因，一些地区难以做到对农村生活污水分散式处理设施运维工作的合理统筹安排，缺乏对农村生活污水治理及设备的运维如何布局的系统考虑。

(2)工作任务艰巨。农村地区的污水治理及设施运维依旧存在任务完成率较低的情况，很多地区仍然处于前期起步摸索阶段。工作的开展主要受制于自然因素和地理环境，我国农村地区村庄多、分布广、人口规模参差不齐，很多项目分布在山区及半山区，且全国各个农村地区自然村类型不同、人文风俗存在较大的差异，依据"因地制宜、分类指导"的原则开展工作难度较大。

(3)运维经费投入较少。受限于贫困地区的财政支出，项目前期启动资金和地方配套经费难以及时落位，而项目建成后给设备预留的运维费更是少之又少，这极大地阻碍了设备运维的开展。项目前期审批程序复杂、设计招标耗时长，且监理、质检等税费及土地征用费用等方面造价较高，造成可使用资金的大量消耗。项目落地时多数需要征用农村居民宅基地、自留地，因而出现选址反复更改甚至需要二次搬运的情况，这极大地增加了落地前的实际预算，致使预留给农村生活污水分散式处理设施运维的费用捉襟见肘。

(4)重建轻管问题突出。目前，大部分农村地区普遍面临着对于设施建设后运行维护、运维资金的可持续性调控难以保证的问题，对于项目开展过程中出现的突然性问题难以预料，缺乏完善的农村生活污水分散式处理设施运维机制(专职监管、专资运维及专人看护)，容易引发因运维不当而导致设施难以发挥理想的污水处理效果。同时，农村地区较为贫困，不足以吸引大部分优秀人才，导致专业的技术人员较为缺乏，在运行维护出现问题时往往难以第一时间解决，导致建成的治理设施因运维状况不佳而难以发挥应有作用。

参 考 文 献

[1] 侯立安，席北斗，张列宇，等. 农村生活污水处理与再生利
    用[M]. 北京：化学工业出版社，2019.

[2] 蒋克彬，彭松，高方述，等. 污水处理技术问答[M]. 北京：
    中国石化出版社，2013.

[3] 郑向群，高艺，徐艳，等. 三格化粪池在我国农村改厕中的
    应用现状及模式类型[J]. 农业资源与环境学报，2022，39
    （2）：209-219.

[4] 张巍，路冰，刘峥，等. 北方地区农村生活污水生态稳定塘
    处理示范工程设计[J]. 中国给水排水，2018，34（6）：
    49-52.

[5] 周凯，潘军，吴为旭，等. 人工湿地在农村生活污水治理中
    的强化处理应用[J]. 建设科技，2022（3）：107-109.

[6] 彭蕾，汤春芳，陈永华，等. 净化生活污水的浮床植物筛
    选[J]. 中南林业科技大学学报，2020，40（5）：162-170.

[7] 王淞民，张春雪，刘丽媛，等. 农村生活污水土壤渗滤系统

处理技术研究进展[J].农业资源与环境学报，2022，39（2）：293-304.

[8]李志刚，周杨，段洋，等.净化槽及一体化污水处理设备的应用及分析[J].资源节约与环保，2022(5)：96-99.

[9]闫亚男，张列宇，席北斗，等.改良化粪池/地下土壤渗滤系统处理农村生活污水[J].中国给水排水，2011，27(10)：69-72.

[10]黄媛媛，许东阳，纪荣平.改进生物滴滤池——人工湿地处理农村生活污水研究[J].水处理技术，2018，44(5)：93-97.

[11]陈杰煜，齐鹏，张奇，等.沸石分子筛吸附污水中氨氮的研究进展[J].科技风，2022(21)：74-76.

[12]王一志.河道植被护坡技术的应用及评价方法[J].黑龙江科技信息，2016(30)：283.

[13]谢经良，沈晓南，彭忠副，等.污水处理设备操作维护问答[M].北京：化学工业出版社，2012.

[14]沈晓南，谢经良，王福浩，等.污水处理厂运行和管理问答[M].2版.北京：化学工业出版社，2012.

[15]浙江省住房和城乡建设厅.农村生活污水治理设施运行维护技术管理150问[M].北京：中国建材工业出版社，2016.

[16]袁立.溧阳市农村生活污水治理的模式与经验[J].江苏水利，2020(9)：5.